シャープ
再生への道

戴正呉 Tai, Jeng-Wu

日本経済新聞出版

＊本文中の写真は一部を除き、筆者およびシャープの提供による。

はじめに

私の一生を時間軸で回顧すると、いくつかの段階に分けられる。

高校までの期間は世の中のことをよく知らず、ただただ楽しい思い出をたくさん作ってきた。大学入試から就職して間もない時期には、いくつもの挫折を経験しながら勤勉に努力し、現在に至る自分のあり方を定義した。

最初の職場である台湾の大手電機メーカー、大同《ダートン》で日本に駐在する機会に恵まれ、鴻海《ホンハイ》精密工業への転職後もしばらくは日本企業と仕事し、日本式の経営管理の能力を身につけた。鴻海グループでは副総裁まで上り詰め、2016年には再び日本へ赴任し、経営危機に陥っていたシャープを立て直すことになった。

私の社会人としての四十数年は経営幹部・経営者として重責を負い、社会で学習したことを実践し、自分の能力を証明してきた時間だったと言える。


中国の古典『春秋左氏伝』の一節に「立徳・立功・立言」という言葉がある。「最上の徳を備えた聖人は立派な徳を立てて世に残し、その次の大賢は立派な功績をあげて世に残し、その次の賢人は立派な言葉を世に残す」といった意味だ。中国哲学において、人としてあるべき姿、人としての理想を示した言葉である。

私も引退が近づくにつれ、この立徳・立功・立言の理想に照らしてこれからの時間を使い、社会に恩返しをしたいと思うようになった。そのタイミングで、母校である大同大学より理事になってもらいたいとの要請があった。光栄なことに、母校に恩返しするチャンスを与えられた。同じタイミングで、シャープでの経験を書籍として残すことを思い立った。

私が経営トップとしての6年間に実践した経営の手法、とりわけ社長就任と同時に示した「経営基本方針」の精神についてまとめることを考えた。

私はシャープでの在任中、「勉強会」と呼ぶ社内研修を頻繁に行った。幹部に特定のテーマを与え、一緒に学習しながら意見交換をし、ともに知見を深化させてきた。シャープが危機から再建・再生へと向かった過程・教訓を書籍として記録しておけば、将来、研修の教材として使えるのではないか。そう考えた。

もともと私は引退後、シャープの業務に一切干渉しないことを決めていた。何らかのサポートをするにしても、ボランティアの形で行うと考えていた。本書『シャープ　再生への道』の出版は、シャープに対する私なりの恩返しの1つである。

本書にはシャープの社員のみならず、日本の一般のビジネスパーソンにも参考になる情報があると思う。台湾からやってきた日本企業の経営トップが何を考え、何をやってきたのか。日本の皆様に幅広く知ってもらえればありがたい。

本書は、第1章から第8章で構成している。

第1章「シャープとの出会い」では、あえて2016年当時の鴻海と産業革新機構の間の、いわゆる「シャープ争奪戦」について書かせてもらった。当事者しか知り得ない交渉内容も記している。書こうと思った動機はただ1つ。日本の皆様に、鴻海のことをもっと理解してほしいと感じているからだ。

そもそも、私も鴻海もシャープ争奪に参戦したつもりは全くなく、「買収」という言葉を公式に使ったこともないはずだ。鴻海側の考え方は、あくまで「鴻海によるシャープへの戦略的投資」であり、シャープの成長を信じたうえでの投資、という位置付けだった。私はシャープがこの投資の助力を受け、継続的な成長と発展を遂げていく未来を信じたのだ。当時、日本のメディアでは日本国内で得られる情報を中心に記事が作られる傾向が強く、鴻海に対する誤解が生じているのではないかと感じることがしばしばあった。

本書を通じ、真実を理解してほしい。

どうか私の、鴻海の、そして台湾人の日本や日本人に対する思い、愛情を受け止めてほしい、と切に願っている。

第2章から第4章では、私がシャープで行った経営革新の具体的な手法を記した。私の経営手法には、時代を経ても変わらない本質的な考え方が含まれているはずだ。それを多くの皆様に知ってもらいたい。そして参考にしてもらいたい。

第5章から第7章は幼少時からシャープ入社に至るまでの、私の個人史である。今まで他人に語ったことのない思い出も含まれている。これは私のことを知ってもらいたいからではなく、私の経営手法をより深く理解してもらうことが狙いである。

私の手法がどんな契機や経緯で私の中で形成され、私の血となり肉となっていったのか。それを知ってもらいたい。

第8章ではシャープの経営に戻り、今後の事業発展の方向性やキーワードについて書かせてもらった。「シャープの経営」「シャープは日本の宝である」という思いのもと、シャープがさらなる発展のため、どんな戦略をとるべきかを考察した。本書は私の回顧録のような形式をとっているが、日本の皆様にも何らかの役に立つ内容が含まれていると信じている。

私は行動とは結果を出すためのものであると考えている。

本書でも繰り返し触れるが、「有言実行」ではなく「有言実現」が大事である。

そのために、私がモットーとするキーワードが2つある。それは、「挑戦」と「スピード」だ。どんなに素晴らしい考え方も「挑戦し続ける姿勢」と「『早く』『速く』の2つの『はやく』による行動」がないと成就しない。つまり「有言実現」は成し遂げられない。これは私の強い信念でもある。

ぜひ、この2つのキーワードを念頭に置いて本書を読み進めてもらいたい。

シャープ　再生への道　目次

第6章 大同時代と日本駐在 181

第7章 鴻海とともに飛躍 207

第1章
シャープとの出会い

思い出のシャープ製ラジカセ

私は太平洋に臨む台湾北東部の宜蘭県で生まれ育った。

現地に残っている実家には、年代もののシャープ製ラジカセが今も大切に保存してある。1980年頃、東京・秋葉原の電気街で買ったものだ。20代後半だった私は当時、大同の駐在員として東京に単身赴任しており、父親の誕生日プレゼントとして、このラジカセを買い求めた。私が「ＳＨＡＲＰ」という日本ブランドの製品に直接触れた初めての経験だった。

私は当然ながら、日本に駐在する前から、シャープのほかソニー（現ソニーグループ）、松下電器産業（現パナソニックホールディングス）、東芝など日本の家電ブランドの存在を知っていた。

しかし、当時の台湾はとても貧しく、世界にその名をとどろかせていた日本製の家電を気軽に買うことなどできない。東京駐在時代は休日によく秋葉原を訪れ、日本ブランドの家電を憧れの気持ちとともに眺めていたものだ。自分が三十数年後に、そのうちの1社の経営トップを務めることになるとは夢にも思っていなかった。

私は台湾に戻っていた1986年に、大同から当時はまだ小さな会社だった鴻海精密工

父の誕生日に贈ったシャープ製ラジカセ

業に転職した。その後、現在に至るまで、私は一貫して電機業界のビジネスパーソンとして人生を過ごしてきたのだが、シャープとは鴻海のサービスの顧客、あるいは資材の調達先として取り引きする機会がつい最近まで、全くなかった。

1990年代からは、鴻海の日本ビジネスの責任者を務めてきたのだが、正直なところシャープの印象はあまり残っていない。

私がラジカセの次にシャープを意識したのは2007年のことだった。

この年の11月、私はシャープの亀山工場（三重県亀山市）を訪問した。液晶パネルからテレビまでを一貫生産する主力拠点であり、2004年から12年にかけては「世界の亀山

「世界の亀山モデル」の生産拠点となった亀山工場（三重県亀山市、2006年撮影）

モデル」と名付け、高画質が売り物の液晶テレビを全世界に出荷していたと聞いている。

鴻海は当時、EMS（電子機器の受託製造サービス）というビジネスモデルの世界最大手へと育っていた。ソニーやパナソニックから液晶テレビや家庭用ゲーム機の製造を受託しており、シャープからもテレビ製造を受託できるか否か、商機を探るのが目的だった。

鴻海の日本法人がある新横浜から、日本人幹部と2人で新幹線に乗り、名古屋から近鉄電車を乗り継いで亀山に入った。「ずいぶん遠いところにあるなぁ」と感じたのを覚えている。

工場の応接間に通されたものの、そもそも誰が対応してくれるのかわからない。30分ほど滞在はしたものの、幹部とは会えそうにないので、諦めて新横浜に戻ることにした。帰りの車中では単純に「あー、シャープはノーチャンスだったな」と思っただけで、特に不快感を抱くことはなかった。

私がこのとき、なぜ亀山工場で待ちぼうけを食わされたのか、真相はわからない。ただ、当時のシャープの社内文化が遠因だったことは間違いないだろう。私は2016年8月に社長に就任し、シャープの文化に当事者として触れたが、技術にこだわりすぎる傾向が強く、ビジネスの進め方は決してうまくないことを体感した。

2009年11月には、ソニーのメキシコ現地法人の幹部と一緒に、シャープが同国北部ティファナに構えていたテレビ工場を見学したことがある。当時は日本の大手電機メーカーが世界的な競争力を維持しており、ティファナには国境を接する米国市場への供給拠点として日系のテレビ工場が集積していた。

ただ、その見学を経ても鴻海とシャープの間には特別な関係は生まれず、私は別のビジネスに没頭した。

香港でのトップ会談

私がシャープの経営に関与することになる出発点は、2011年6月2日に香港国際空港近くのホテルで開いた鴻海とシャープのトップ会談だった。

鴻海からは創業者でグループの総帥（組織トップ）である郭台銘（テリー・ゴウ）董事長（会長）と日本担当の副総裁である私が出席した。1歳年上の郭氏は私が鴻海に転職して以降、一貫して上司であり、鴻海を世界的な企業へと一緒に育てた気の合う仲間でもある。本書では以下、普段の呼び名に従って「テリーさん」と表記していく。

シャープからは町田勝彦会長（当時）と片山幹雄社長（当時）が出席した。あとで知った話だが、町田氏は1998〜2007年の社長時代に「液晶のシャープ」という経営方針を推進した人物であり、その後継者として49歳で社長に就いた片山氏はシャープの「プリンス」と呼ばれていたそうだ。しかし、私は2人とも初対面だった。

会談はシャープの申し出によるものだった。テリーさんが個人として出資している台湾の液晶パネルメーカー、群創光電（イノラックス）の段行建董事長（当時）からの紹介だった。イノラックスとシャープが2010年に、液晶パネルの特許に関する協力の交渉を行い、段氏は片山氏との面識ができたらしい。そのツテでトップ会談が実現した。

「鴻海さんの力を借り、当社のコスト競争力を回復させたい」

町田氏と片山氏からはこんな申し出があった。シャープは2009年3月期以降、経営不振が続いており、単独での生き残りは難しいと判断したのだろう。両社はその場で、①原材料を共同調達する、②「SHARP」ブランドの液晶テレビを共同で設計・開発し、鴻海が製造を請け負う、という提携に基本合意した。

鴻海の主力事業であるEMSとは他社ブランドの電子機器の製造を専門的に請け負う事業形態であり、鴻海は米アップルやソニーのほか、中国の華為技術（ファーウェイ）や小米（シャオミ）など世界の電子機器大手を顧客に抱えている。当然ながら、電子機器に使う部品や素材では世界有数の購買力を誇っており、共同調達はシャープの製造部門の原価低減につながる。

そして、液晶テレビの共同設計・開発と製造受託は、鴻海がソニーや米テレビ大手のビジオと展開してきたビジネスモデルであり、まさに私が2007年に亀山工場で提案しようとしたことだ。いずれもシャープの業績回復のために必ず役に立つはずだった。

ところが、この基本合意はシャープ内部の反対にあい、実現しなかった。私には、町田氏と片山氏が日本に戻ってから社内でどう説明し、どんな議論が交わされたのかは知る由もない。私自身も深く考えることはなかったが、結果として両社の関係は2016年4月に鴻海のシャープ本体への出資が正式に決まるまで、迷走を続けることになった。

２０１１年の年末に、町田氏からテリーさんに再びコンタクトがあった。シャープの液晶パネル生産子会社であるシャープディスプレイプロダクト（ＳＤＰ、大阪府堺市）に出資してほしいとの要請だった。

ＳＤＰとは「第10世代」と呼ばれる２・８８メートル×３・１３メートルの大型ガラス基板を素材として、液晶パネルを生産する子会社だ。シャープが社運をかけて２００９年10月に稼働させたこの工場は、２００９年７月の発表時点で総額３８００億円の投資が計画されていた。しかし、結局は韓国のサムスン電子、台湾の友達光電（ＡＵＯ）など韓台パネルメーカーとのシェア争いに敗れ、重いコスト負担が経営不振の元凶となっていた。

鴻海とトップ会談を開いた２０１１年６月以降も経営悪化が止まらず、町田氏は外部から資本を注入しなければシャープが経営破綻しかねないと判断したのだろう。鴻海によるシャープ本体への出資を含む強固な提携関係を築く方向で話が進み、２０１２年３月末を期限に内容を詰めることになった。

提携の骨子は、①シャープが保有しているＳＤＰ株の半分をテリーさん個人の投資会社が買い取る、②鴻海のグループ企業がシャープ本体の増資を１株５５０円で引き受けて合計9・9%出資する、③シャープに経営をアドバイスする会議体を設置し、6人のメンバーのうち3人を鴻海側が出す、というものだった。SDP株をテリーさんが個人として買うのは、鴻海が自社の事業としては経営リスクの高い液晶パネルを手がけない方針を掲げているからだった。

町田氏によるコンタクトから3カ月ほどで提携をまとめる必要があり、鴻海はシャープに対して厳密なデューデリジェンス（資産査定）を行う余裕がなかった。

それでも大変な作業だったのだが、町田氏は交渉の途中で、シャープ創業者の早川徳次氏が1973年に掲げた経営信条「誠意と創意」を毛筆で揮毫《きごう》した額を贈ってくれた。必死に作業する鴻海側を励まそうとの意図があったようだ。これでテリーさんは町田氏を信用し、シャープに出資することを決断した。

ところが、提携の正式契約が約2週間後に迫った2012年3月14日、鴻海にとってはまさに寝耳の水の出来事が起こった。シャープが4月1日付で町田氏が取締役相談役、片山氏が取締役会長に就任し、常務執行役員だった奥田隆司氏が社長に昇格する人事を発表したのだ。鴻海は全く聞かされていなかった。

資本提携を持ちかけて来た交渉相手のトップが、事前の説明もなく突然経営の一線を退

2012年3月27日、シャープとSDPへの出資交渉が決まった(郭台銘董事長㊧と町田勝彦シャープ会長=当時)

く以上、鴻海としては提携の可否を改めて判断するしかない。鴻海とシャープは3月27日にいったん資本提携を発表し、7月にはテリーさん個人の投資会社がSDPへの出資を完了させ、社名が「堺ディスプレイプロダクト」へと変更された。

しかし、提携の中核である鴻海からシャープ本体への出資などの条件については、再交渉することになった。交渉の期限は1年後の2013年3月26日だったと記憶している。

暗礁に乗り上げた出資交渉

出資条件を巡るトップ会談は2012年8月上旬、当時は東京・芝公園にあったシャープの東京オフィスで開かれた。

鴻海側からはテリーさんと私が東京入りし、シャープ側には奥田氏、町田氏、片山氏の3人に出席してもらうよう要請した。いったんは3人全員から出席OKの返事をもらったのだが、奥田氏は直前になって出席を取りやめてしまった。

「あなたがた2人は、この場でシャープを代表して交渉する権限があるのですか」

私は会談の冒頭でこう切り出した。現職の社長がドタキャンしたわけだから、鴻海側としては当然抱く疑念だろう。町田氏と片山氏から「ある」との返事があったので、具体的な話し合いに入った。3月27日の提携発表時点で1株550円としていたシャープ本体の増資引き受けについて、価格を含む条件を改めて議論することで一致した。

株式市場では2012年4月以降もシャープの経営不安説が根強く、株価はこの時期には1株100円台まで落ち込んでいた。550円のままの増資では、そもそも台湾の経済部（経済省）から承認を得ることが不可能であり、鴻海自身にとっても自社の株主に対して説明がつかない。

町田氏、片山氏に価格の再交渉を呼びかけたのはそのためだ。この2人は鴻海の主張に一定の理解を示してくれたが、8月の会談に出席しなかった奥田氏がこれに反対し、交渉は暗礁に乗り上げてしまった。

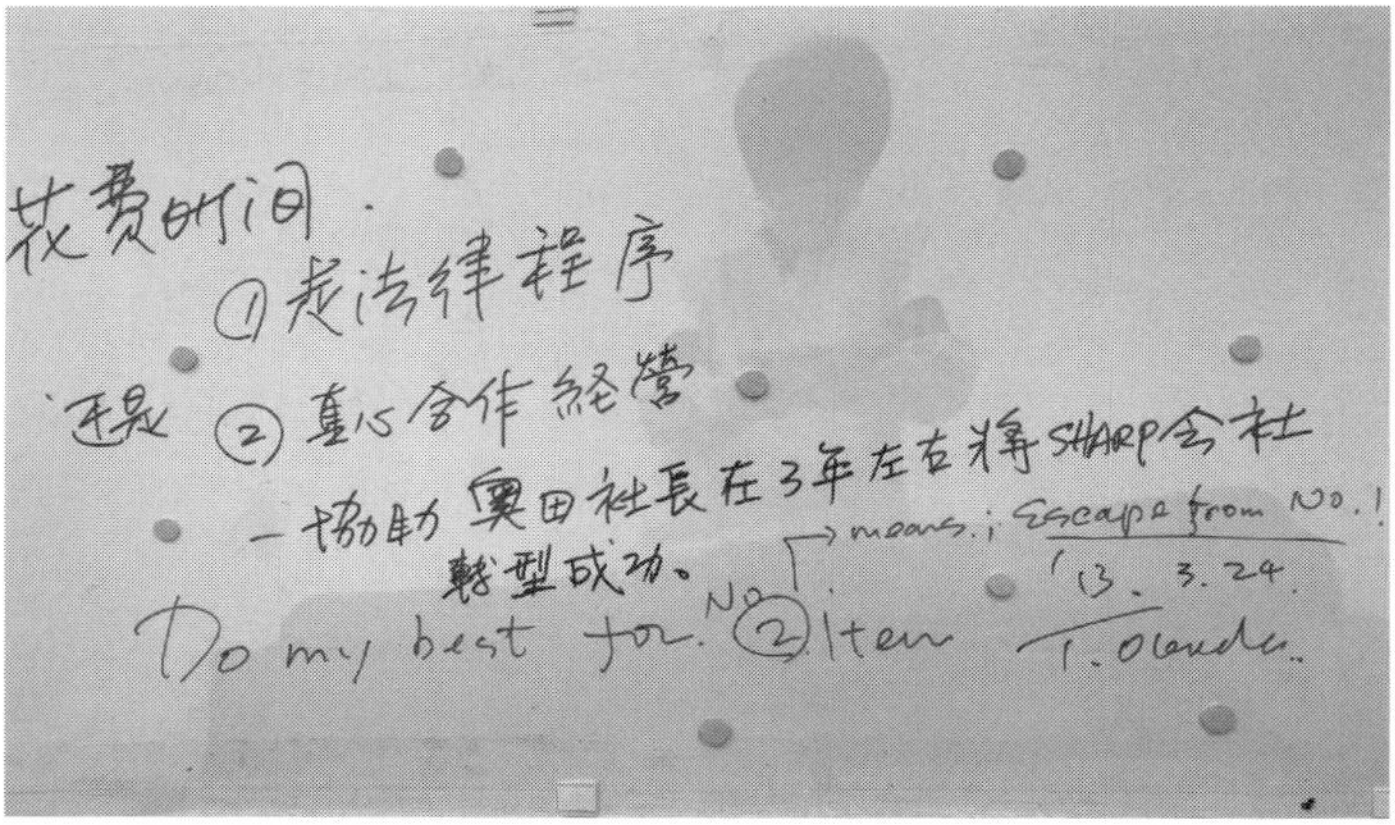

鴻海が手配した香港の貸会議室で、2013年3月24日に書かれた鴻海側の見解と奥田氏の約束

シャープはその後も不振から脱却できず、２０１３年３月には奥田氏が担当役員を連れ、香港にやって来た。テリーさんと私が３月24日に対応し、奥田氏は「日本に戻ったら、鴻海さんとの提携を実行できるよう尽力する」と約束してくれた。社長就任から１年を経て、シャープの経営再建にはやはり鴻海の力が欠かせないと判断したのだろう。

ところが、シャープはわずか2カ月後の5月、奥田氏が代表権のない会長に就き、副社長だった高橋興三氏が後継社長に昇格する人事を発表した。

シャープは２０１３年３月期も巨額の赤字を計上しており、奥田氏は経営責任をとったのかもしれない。しかし鴻海側からすれば、提携交渉の相手がくるくると替わり、約束が次から次へと反故にされる状態だとしか思えない。交渉期限が3月末に切れていたこともあって、シャープ本体への出資計画は立ち消えとなった。

「シャープとは、いったい誰と交渉すればいい会社なのだろうか」

テリーさんと私が当時、抱いた率直な思いだ。一連の提携交渉の末に、テリーさん個人はSDPの大株主となったものの、鴻海としてはシャープ本体との関係を築くことなく交渉は終わった。

こうしてシャープとの日常的なビジネスもなく、交流が全くない期間が2年以上続くことになった。

資本提携が成功しなかったのは残念だったが、鴻海として想定外の痛手だったのは、日本メディアにさんざん叩かれたことだった。交渉が節目節目で不調に終わるたび、シャープの言い分をもとに書かれた「鴻海は約束を守らない」という批判的な報道が新聞・雑誌・テレビにあふれた。

当時の鴻海には、日本メディアに真意を説明する手立てがなかった。鴻海が日本社会においてレピュテーションリスクに直面し、私が長年かけて築いてきたソニー、パナソニックなど日本の顧客との信頼関係が崩れかねないと肝を冷やしたものだ。

産業革新機構との出資争いへ

私がその次にシャープとコンタクトをとったのは、2015年夏のことだった。振り返ってみれば、これをきっかけに私がシャープの経営トップに就く流れが出来上がっていった。

「液晶パネル事業で何か協力できるのではないか」

私はこの年の7月、シャープ創業の地である大阪市・西田辺の本社を訪れ、社長だった高橋氏にこう持ちかけた。シャープの経営が2015年3月期決算で債務超過寸前まで悪化したとの記事を読み、私から働きかけた。

鴻海にとっての最大顧客は、スマートフォン「iPhone（アイフォーン）」の製造を委託してくれるアップルだ。一方でシャープはアップルの有力なサプライヤーであり、関係を築いておくのは悪い話ではない。テリーさんはこの会談には同席しなかったが、私の動きを前向きにとらえていたようだ。

「提携交渉を進めても構わない」

高橋氏は私の誘いに乗って来た。社長が直談判で約束したのだから、私は提携交渉が再び始まるものだと信じていた。ところが、またもや事態が急変した。日本メディアが8月末、シャープが液晶パネル事業を官民ファンドの産業革新機構（当時）に売却する交渉に入ったと報じたのだ。

シャープが産業革新機構と話をするか否かは、もちろんシャープが決めることだ。しかし、鴻海としては日本ビジネスの責任者である副総裁の私を直前に大阪に派遣し、シャープ社長と直接、提携交渉を始めることで合意していた。シャープが産業革新機構と交渉を進めるなら、少なくとも鴻海に一言は説明があって然るべきではないか。

この報道を機に、鴻海はシャープと正式な交渉に入り、産業革新機構とのいわゆる「買収合戦」、つまり出資争いへと発展していった。

「シャープは日本の重要な家電メーカーであり、現在の経営体制を極力保ちながら再建を目指す」。これが鴻海の一貫した方針だった。私はもちろん、テリーさんも世界の産業界をリードしてきた日本企業に強い敬意を抱いている。早川氏が1915年に発明したシャープペンシルに由来する「SHARP」という日本の老舗ブランドが消えてしまっては、あまりにもったいない。

シャープがシャープのまま黒字転換し、自社で稼いだ利益をもとに成長投資を行う姿に戻す。買収されるのではなく、鴻海による出資で財務体質を改善したうえで、できるだけ自力で再建してもらおうとの考え方だ。

鴻海が当時、シャープを買収するつもりなら、単純に出資比率を50％超にすることはできた。あるいは鴻海1社で40％超を出資し、さらに取締役の過半数を派遣すれば、日本の会社法上ではシャープは連結子会社となり、買収されたことになる。

しかし、実際には鴻海系の4社が出資するスキームをとり、鴻海本体の比率を意図的に下げている。足し算すれば50％を超えるので、日本の会社法によればシャープは鴻海の連結子会社となっている。だが鴻海としては、あくまで子会社とは位置付けていない。実際に、台湾で発行している有価証券報告書では、シャープが子会社ではないと明記している。

当時のメディア報道によると、産業革新機構はシャープを事業別に解体し、液晶パネルはジャパンディスプレイ（ＪＤＩ）、白物家電は東芝、複合機は投資ファンドへと売却することを再建案として提示したようだ。だが、これは腐ったリンゴを切り捨てる方法であり、会社を完全に再建したことにはならない。

産業革新機構や背後にいる経済産業省は当時、日本の液晶パネルメーカーをＪＤＩに集約する「日の丸連合」構想を掲げており、シャープの解体はその一環だったのかもしれない。

鴻海は当時から、日本に液晶パネル産業を残すべきだという考え方に完全に賛同していた。しかし、液晶パネルは市況変動が激しく、経験豊富な経営者が事業運営しないとあっという間に財務上の困難に直面し、淘汰されてしまう。

シャープの解体によって、日本の液晶パネル産業の復活につながる経営体制が実現するとは思えなかった。実際にＪＤＩは不振が続き、ＩＮＣＪ（旧産業革新機構）が大株主だからつぶれない「官営ゾンビ企業」と呼ばれていると聞いている。

鴻海にシャープ再建を任せていいのか

産業革新機構側は当時、鴻海のシャープ再建案には２つの懸念があると主張していた。１つは液晶パネルなどの技術が海外に流出しかねないという点。もう１つは、そもそも鴻海という台湾企業の経営者に、日本の大企業を再建する手腕があるのかという点だった。

技術流出については、当時から全くナンセンスな主張だった。

第一に、シャープは２０１３年６月の時点で、中国液晶パネルメーカーの南京中電熊猫信息産業集団（ＣＥＣパンダ）と提携し、競争力の源泉だった独自の液晶技術を供与してしまっていた。台湾企業ではなく、日本がより警戒しているはずの中国企業に自ら技術を提供してしまっている。

第二に、鴻海は本業のＥＭＳで米国のアップル、デル、ヒューレット・パッカード（ＨＰ）、シスコシステムズ、グーグル、マイクロソフト、そして日本のソニー、パナソニックなど世界中の情報技術（ＩＴ）・電機大手を顧客として抱えている。

しかし、技術を含む機密情報の流出問題を起こしたことがない。大口顧客については、対応する社内組織を分けてファイアーウォールを築き、社員どうしの接触を禁止するなど情報流出に細心の注意を払っている。

産業革新機構の言う懸念が杞憂だったことは、事実が証明している。

２０１６年4月に鴻海がシャープの経営に参画することが決まってから、7年近くが過ぎた。仮に鴻海への技術流出が起こっているなら、シャープの日本人社員が気づいているはずだ。そもそも、鴻海は必要な研究開発を自力で行う力があり、シャープからの技術流出を期待するなどは想像の産物でしかない。

鴻海にシャープの再建を任せていいのかという点については、この7年近くで答えが出ている。シャープは現在に至っても、東京証券取引所プライム市場に上場する独立した企業のままだ。本体を含む鴻海のグループ企業が株主として名を連ねているものの、鴻海はシャープを連結子会社として扱っておらず、独立経営の日本企業として尊重している。

鴻海の提案のメリットはシャープの並行メインバンクだったみずほ銀行、三菱東京ＵＦＪ銀行（現三菱ＵＦＪ銀行）などの大口債権者に債権放棄を求めないことだった。

一方で、産業革新機構の提案は2行がシャープ支援策の一環として、保有していた総額2000億円の優先株を無償譲渡し、実質的に債権放棄することが前提となっていたらしい。合理的に考えれば、シャープの債権者はもちろん株主、取締役などあらゆるステークホルダー（利害関係者）にとって、鴻海案の方が有利な選択肢であるのは明らかだった。

出資争いは徐々に鴻海優位の流れが強まっていった。2016年1月30日には、テリーさんと産業革新機構の責任者がシャープ本社を訪問し、取締役会でそれぞれの提案のプレゼンテーションを行った。2月4日には、シャープの取締役会が鴻海を優先して交渉を行うことを決議したとの知らせがあった。

最終的には、取締役のほぼ全員が賛成したらしい。テリーさんや私はその翌日にシャープ本社を再び訪問し、交渉を具体化することで合意した。

一方で、鴻海はこの交渉で細心の注意を払っていた。シャープと過去に行った公式・非公式の交渉がいずれも失敗に終わっていたからだ。2月中旬にかけ、シャープの取締役を何人も台湾北部・新北市（旧台北県）にある鴻海本社に招き、よく議論したうえで基本合意の文書に署名した。

鴻海は通常、M&A（企業の合併・買収）を行う際に、将来発生する恐れのある「偶発債務」が実際に一定の金額を超えて発生したら契約を解除できる条項を盛り込んでいる。シャープについても同様で、その金額は100億円に設定することで合意していた。準備は万端なはずだった。

「シャープの再建を支援することは、鴻海にとっての『義』だ」

「シャープの偶発債務が3500億円に達する恐れがある」

私は鴻海の顧問弁護士からの電話に耳を疑った。2016年2月24日のことだ。

私はテリーさんとともに、鴻海が主力生産拠点を構える中国の広東省深圳に滞在していた。シャープ側の顧問弁護士からリスク情報が寄せられ、直ちにわれわれに一報を入れてくれたのだという。翌25日には、鴻海とシャープがそれぞれ取締役会を開き、鴻海の提案に基づくシャープ再建を正式に決める段取りになっていた。

「明日の取締役会は中止にしてほしい。御社の偶発債務のリスクの実態が不透明であり、鴻海の経営に対するリスクがあまりにも高すぎる」

私は24日夜、高橋氏に電話を入れて説得した。高橋氏宛に、取締役会の中止を要請する正式な文書も送った。ところが、シャープは25日の取締役会を強行し、鴻海からの出資受け入れを決議してしまった。この時点では産業革新機構は出資争いから撤退しており、高橋氏は鴻海から何が何でも出資を受けなければシャープが経営破綻すると焦っていたのだろう。

本当に困ったことになった。

100億円という契約解除の基準を超えたどころの騒ぎではない。3500億円は鴻海にとってもあまりに巨額であり、金銭的なリスクだけを考えれば出資を取りやめるべきだった。

しかし、私は日本社会で鴻海が改めて直面するレピュテーションリスクが気になった。この出資を実行しなければ、鴻海としては2012年に続き、シャープへの出資に2回続けて失敗したことになる。日本メディアがシャープの言い分を鵜呑みにし、鴻海叩きの報道を繰り広げることは目に見えている。

テリーさんも日本社会で鴻海への逆風が吹くリスクを理解していた。一方で、「こんな潜在リスクが判明した以上、このまま出資を決めたら自分に法的責任が降りかかるのではないか」と心配し、香港や台湾の弁護士に相談をしていた。

われわれは新北の鴻海本社に飛んできた高橋氏に強い不満を表明したが、シャープは取締役会で出資受け入れを決議してしまっており、白紙に戻すのは現実的ではない。仕方がないので、改めてシャープに対する徹底的なデューデリジェンスを行うことで合意した。

鴻海は２０１６年3月1日から10日間ほどの間に、１００人以上の社員をシャープに派遣し、資産の状況を可能な限り調査した。私自身は大阪入りしなかったが、新北、深圳、新横浜を移動しながら、毎日現場からの報告を受けた。３５００億円が実際には起こりえないリスクを含む過大な数字であることは徐々にわかってきたが、シャープへの不信感はぬぐい切れない。鴻海幹部の間では、出資を見送るべきだとの意見が強まっていた。

「シャープの再建を支援することは、鴻海にとっての『義』だ」

テリーさんは3月中旬に開いた鴻海の社内会議で、ホワイトボードに「義」という文字を書き、反対意見を説き伏せた。半年に及んだ出資争いは紆余曲折を経たものの、最後にはシャープの株主や債権者、そして日本社会が鴻海にシャープの再建を託してくれた。テリーさんは鴻海の信用を賭けてこの期待に応える決意を表明したのだ。

この決意がなければ、シャープは経営破綻していただろう。しかし、両社は２０１６年3月30日に資本提携の最終合意にこぎつけた。鴻海本体を含む４社が1株88円で増資を引き受け、合計でシャープに66％出資することになった。

2月25日時点でシャープが発表していた増資は総額４８９０億円だったが、偶発債務のリスクを踏まえ３８８８億円まで減額することになった。

多くの日本メディアが「鴻海が買収金額を１０００億円値切った」と報じたのは不本意だったが、私の関心は自らが社長として、どうシャープを再建するかに移っていた。

日本への片道切符

私がシャープの社長に就任する人事は２０１６年5月に正式に発表された。

ただ、私はシャープと資本提携の交渉を進める中で、「出資後は自分が社長として再建を指揮するのだろうな」と覚悟を決めていた。テリーさんから指名があったわけではない。鴻海の日本ビジネスは30年以上にわたり、私が一貫して責任者を務めており、シャープの再建ほどの重責は私が負うのが自然な流れだった。

私はもともと、60歳でビジネスパーソンから引退し、故郷の台湾・宜蘭で悠々自適の生活を送るつもりだった。

ところが、59歳を迎えた２０１０年、鴻海グループが約45万人もの従業員を抱えていた深圳の生産拠点で自殺者が続出し、１９８０年代の工場立ち上げ時から現場を知る私は対策責任者を務めることになった。原因の究明や賃上げ、当局や顧客への説明などで事態を落ち着かせたところでシャープとの提携交渉が始まり、引退するタイミングを失ってしまっていた。

「老《ろう》驥《き》櫪《れき》に伏するも志は千里にあり」

三国志の主役の1人、曹操が詠んだ漢詩を出典とする中国の有名な慣用句であり、「駿馬は年老いて馬屋につながれていても、なお千里を走ろうという気持ちを失わない」という意味だ。

64歳にしてシャープの再建に挑むことを決めた私は、まさにこんな心境だった。同じ日本勤務とはいえ、20代後半に経験を積み、勉強し、お金を稼ぐため大同の駐在員として東京に単身赴任したときとはすべてが異なっていた。

私に対し、冗談半分で「シャープに行ったら86歳まで社長をやらされるよ」と忠告してくれる友人もいた。シャープは当時、1兆円を超す有利子負債を抱えていた。経営が健全だった時期でも稼いでいた利益は年間500億～700億円だったので、返済には20年ほどかかる計算なのだという。

私がシャープの社長に就任すれば、日本人なら誰もが知っている日本の大企業において、台湾人が初めて社長・最高経営責任者（CEO）を務めることになる。日本企業との長年のビジネスを通じ、日本の世論が台湾に好意的なことを体感してきた。私はビジネスパーソンとしての人生の締めくくりとして、日本人の心の中にある台湾への期待に応える決意を固めた。

私はこの頃から、日本でも1960年代に流行した米国の歌手ニール・セダカのブルース「One Way Ticket（邦題・恋の片道切符）」*を好んで聴くようになった。日本語訳で「旅に出るんだ。決して戻っては来ないだろう。ああ、悲しみまでの片道切符を手に入れた」という歌詞が、シャープの再生を果たすまでは台湾に戻らない、という私の決意と重なっていたからだ。憂鬱な気分を反映している曲調もしっくりときた。私にとっては、いわばシャープ再生のテーマソングになった。

2022年3月末にシャープのCEOを退任するまで、私は経営の節目を迎えるたびにこの曲を聴き、自分を鼓舞していた。

* ONE WAY TICKET / TO THE BLUES /HUNTER HANK/KELLER JACK© by SCREEN GEMS EMI MUSIC INC. Permission granted by Sony Music Publishing (Japan) Inc. Authorized for sale in Japan only.

第2章

私の経営スタイルと「SHARP」ブランド

「鴻海・シャープ連合」誕生

私は２０１６年４月２日、テリーさん、高橋氏とともに、ＳＤＰが立地するシャープの堺事業所（大阪府堺市）の事務棟で記者会見に臨んだ。

足かけ５年に及んだ両社の資本提携交渉がようやく終わり、「鴻海・シャープ連合」誕生の正式なお披露目の機会となった。大阪湾に面した工業地帯にある堺事業所は決して交通が便利ではないが、日本と台湾の一般社会からも関心を集めた電機業界の大型再編だけに、２００人以上の報道陣が詰めかけていた。

会見では、主にテリーさんと高橋氏が出資・提携に至った理由や経緯を説明し、質問攻勢をさばいた。私はその合間を縫い、「できれば（大阪市・西田辺の）旧本社ビルを買い戻したい。それが無理ならば、本社の近隣の土地に新たなビルを建てたい。ビルの最上階はシャープと創業者の早川氏の博物館を作りたい。その他のスペースに、スマートハウス、エコハウスの展示を作りたい」と発言した。

シャープは鴻海による出資・提携が決まる直前の２０１６年３月中旬、資金繰り対策として、創業の地である西田辺の本社ビルをニトリホールディングスやＮＴＴ都市開発に店

鴻海・シャープ提携後の記者会見（左から筆者、郭台銘董事長、高橋興三社長＝当時、2016年4月2日）

舗用地などとして売却していた。7月までは賃貸で入居を続け、その後は記者会見を開いた堺事業所の事務棟に本社を移す方針が決まっていた。会見における私の発言はそんな経緯を踏まえたものだった。

翌日には、私が「冗談交じりに」語ったとの報道が出るなど、旧本社ビルの買い戻し発言は本気だと受け止められなかったようだ。確かに、売却したばかりのビルを直ちに買い戻すことは想像しにくいし、メディアには業績の下方修正などを繰り返していたシャープの情報開示への不信感もあったのだろう。

しかし、社長就任を覚悟していた私にとって、これはシャープ再建における重要な指針を意図的に示唆した発言だった。

シャープは私が社長に就任する人事を２０１６年5月12日に発表した。

本来は鴻海が6月下旬に出資手続きを完了し、それに合わせて私が社長に就くのが理想だった。しかし、競争関連法に関わる中国当局の審査が長引き、就任は鴻海が出資金を払い込んだ翌日の8月13日までずれ込んでしまった。米反トラスト法など競争関連法に基づく規定で、M＆Aの当事者どうしが手続きの完了前に行ってはならない「ガン・ジャンピング（フライング）」と見なされる恐れがあったためだ。

とはいえ、私は4月2日から8月12日の間に、法律の許す範囲で社長就任の準備を進め、シャープの幹部社員から様々な経営上の重要事項を説明してもらった。同時に、彼らの仕事のやり方を観察した。

私はシャープの夏期連休最終日の8月21日、約4カ月で洗い出した問題点をもとに、抜本的な構造改革や目指すべき企業像をまとめた「経営基本方針」を社内向けに発表した。この日は日曜日だったが、出席対象とした約１４０人の幹部社員全員が堺本社への出社か、テレビ会議を通じて私の言葉に耳を傾けてくれた。

私は全員の出席をシャープ幹部の責任感の表れだと受け止めた。

単に業績を立て直す「再建」だけでなく、シャープをかつての活力を取り戻す「再生」まで導くことに手ごたえを感じる第一歩となった。

「経営基本方針」で伝えたかったこと

私は三十数年前に大同に勤めていた頃、技術指導に当たってくれた日本人の上司から、力を合わせることの重要性を教わったことがある。上司はホワイトボードに一艘の船を描き、その周囲に方向がバラバラな矢印を何本も引いた。そして「この船は同じ場所で揺れ続けるだけだ」と解説した。

上司は次に、矢印がすべて前を向いた別の船を描いた。「これなら船は全速力で前進し、目標を達成できる」と、私や同僚に団結する必要性を説いた。私はシャープのすべての管理職と一般社員が経営基本方針を共有したうえで、矢印を同じ方向に向け、短期間で黒字転換を果たしてくれることを期待した。

経営基本方針は全9章で構成され、原本は50ページ超という分厚い文書だ。

第1章は私の自己紹介だった。まずは戴正呉という人間を理解してもらわないと、社員の多くはついてきてくれない。私がビジネスパーソンとしての40年以上で技術、営業、生産、経営管理など多くの職種を経験し、経営幹部としても一定以上の実績を残してきたことを伝えた。

シャープの事業領域は多岐にわたるが、私は複合機などの「オフィスソリューション」

を除くと、すべての事業において大同と鴻海で経験を積んできたことを知ってもらいたいと思った。

さらには、私が日本文化への理解が深く、特に経営管理の知識については日本の企業・社会から学んだことも知ってもらいたかった。私は1977年から3年間、大同の日本駐在員を務め、鴻海に転職してからも一貫して日本企業と付き合い続けてきた。この自己紹介のおかげで、その後のシャープの社員との意思疎通や協力がうまくいったと考えている。

基本方針の第2章では、シャープの全社員と私の使命を明確にした。

業績面では、まず1、2年のうちに黒字化を実現し、さらに鴻海グループとの戦略提携を通じて売上高と利益を飛躍的に伸ばす方針を掲げた。そして、人材の育成と抜擢によって、社員がそれぞれの担当業務への知見を深め、失敗を恐れず積極果敢に挑戦する社風を定着させることを明示した。

これらの理念により、シャープの全社員が使命を共有し、経営再建のために総力を結集することができたように思う。

経営基本方針の重要なポイントを列挙していこう。

第7章では、経営幹部への期待を表明したうえで、私個人が長年の勉強と仕事で体得した知識や経験を教訓として披露した。

私は大学時代に、リーダーシップ論という講義で「生活条件と戦闘条件が一致する者は強い」と「羊に率いられた獅子より、獅子に率いられた羊の方が強い」という中国の2つの格言を学んだ。前者は自らが慣れ親しんだ環境下で戦う方が有利だという意味であり、後者はどんなに強い兵隊でも指揮官が無能だと力を発揮できないことを意味している。

私はビジネスパーソンとしてこの2つの格言を座右の銘に仕事に挑戦し、結果を残してきた。獅子が羊を追い立てるようなスピードで部下や組織に指示を出し、不可能を可能に変えてきた。私は長年、自分自身を効率性の高いリーダーだと認識しており、部下に「ワーク・ハード」さらには「ワーク・スマート」を求め、時間管理を徹底することで目標を管理し、達成してきた。

基本方針の第6章と第8章では、「One SHARP」や「Be Original.」というシャープのスローガンについて整理した。これは社内カンパニーごとに分散していたシャープの資源を「One SHARP」というスローガンでまとめ、早川氏が掲げた「誠意と創意」というもともとの経営信条を再び忠実に実践することを狙っていた。

シャープは旧本社の近くにあった社員寮「早春寮」が老朽化したため、本社・堺事業所の正門の隣接地に2018年に社員寮を一棟、2019年にもう一棟を新たに建設した。

私はそれぞれ「誠意館」と「創意館」と名付けたが、これは全社員が毎日の出勤・退勤時に二棟を眺め、創業者の経営信条を思い出すようにすることが狙いの1つだった。

早川氏は「まねされる商品をつくれ」を創業の精神にしていたという。「Be Original.」とはシャープがこの創業の精神という原点に立ち戻る決意を示すものだった。2016年11月にコーポレート宣言として対外発表し、赤い文字で知られてきた「SHARP」ブランドのロゴの下に、黒い文字で「Be Original.」と併載するようにした。

これには全社員がシャープのブランド価値を再確認することで、風通しの良い社内の仕組みを作り、活力のある会社に再生することへの期待も込めていた。顧客や株主、そして日本社会に「新生シャープ」が始動したことを印象付けたいという思惑もあった。

経営基本方針に盛り込んだ「1、2年のうちに黒字化」とは、言い換えれば東京証券取引所第1部（当時）への復帰を早期に実現するということだった。

シャープは1956年に東証に上場したが、2016年3月期決算で債務超過に陥り、同年8月1日に1部から2部（当時）へと指定替えされていた。競争関連法の審査が終われば鴻海による出資が実行され、債務超過は解消される。私は通期の決算を一刻も早く黒字化し、東証1部復帰の条件を満たすことをシャープ社長としての最大の目標に定めた。

当時のシャープは1兆4000億円もの負債を抱えており、財務格付けが低く、東証1

部に復帰しても公募増資ができるわけではなかった。資本政策というより、シャープ復活の象徴という意義が大きかった。

東証1部への復帰は少なくとも「Be Original.」、つまりシャープの経営が元の状態に戻ったことの証明になる。私としても、創業者の早川氏に申し開きができることになる。

「戦闘指揮センター」でスピード経営を実現

ここからは、私がシャープの構造改革をどのように進めたのかを具体的に回顧していこう。まずは経営者としての私の仕事のスタイル・手法を紹介したい。

鴻海時代から一貫して、私の朝は早い。毎朝5時に起床し、まずは散歩する。2018年からは前述した誠意館に住んでいたので、本社・堺事業所のある海沿いの工業地帯を歩きながら、頭の中を整理した。その日の予定を確認したり、経営上のアイデアを練ったりした。寮に戻ってシャワーを浴び、朝食をとって7時前にはオフィスに着くように出発した。

堺事業所の敷地は広く、誠意館から本社のある事務棟までは約1・2㎞ある。私は15分ほどかけて歩いていくのだが、ほぼ中間地点にある「熊鷹稲荷神社」に毎朝必ず参拝していた。この習慣は、シャープでの仕事が始まった初日から続けた。日本の習慣通り2礼2拍手1礼をし、その日の無事を祈願してきた。

鴻海は台湾や中国に構える工場のすべてで土地公（地元の氏神）を祭っており、私は毎日必ず参拝していた。日本企業で経営トップを任された以上、日本の神社を参拝するのは当たり前のことだ。

事務棟に到着すると、一階ロビーに設置されている早川氏の銅像に必ず一礼した。早川氏が創業しなければ今日のシャープは存在しなかったわけだから、敬意を示すのが経営トップとして当然のことだと考えた。

出勤後は事務棟の2階にある執務スペースに入って、経営の指揮を執る。日本企業では大きな専用部屋にこもる社長が多いようだが、私の執務スペースは実務に適した作りになっている。専用の事務机はあるものの、机の上にはほとんど書類がない。

私は鴻海時代から決裁の電子化を進めており、その手法をシャープに持ち込んだ。部下から上がって来た決裁書類には電子的に署名し、社内のクラウドシステムに保存している。紙の書類がなくなってコストが減らせるだけでなく、決裁記録がクラウド上に残

堺事業所の敷地内の神社には郭台銘董事長と参拝したこともある（2016年撮影）

るので不正を働く余地がなくなる。コーポレートガバナンス（企業統治）の改善にもつながる。

そもそも、私の執務スペースには壁がなく、数十人が入れる会議室の一部をパーティションで区切っただけだ。会社は仕事をする場所であり、個人の所有物もほとんどない。

私の経営はすべて公開で隠し事がないので、これまで個室を持つ必要性を感じたことがない。取締役会などの前に、日本でいう「根回し」的な事前説明は行ったことも、受けたこともない。すべては会議の場で直接議論する。私専任の秘書をつけた経験もなく、予定は基本的にすべて自分で管理している。

「戦闘指揮センター」を設けることも私の経営スタイルの特徴だろう。

「戦闘指揮センター」で経営に当たった（2022年9月、撮影者：大岡敦）

執務スペースのある大部屋には会議机や電子ホワイトボードがあるほか、大型の液晶モニターがずらりと並んでいる。シャープの国内外の拠点と随時、テレビ会議を開けるシステムを整えているのだ。

以前のシャープは取締役や経営幹部が重要事項を討議する経営戦略会議を月に1、2回のペースで開いていたようだが、現在は事業部門などの必要に応じ、参加者が本社まで来ることもなく、頻繁にテレビ会議を開けるようになった。電話とも違って、報告者が会議中に本当は何をやっているのかがわからないこともない。

私は経営情報がリアルタイムで集まり、判断を即時に下すことができるこの手法を鴻海時代に始め、執務スペースを「戦闘指揮センター」と呼んできた。主な仕事場所だった台湾・新北の鴻海本社、中国の深圳の工場、山東省煙台市の工場の3カ所にほぼ同じ仕様の執務スペースを作り、どこにいてもテレビ会議で経営を指揮できる態勢をとっていた。

実は、テリーさんもこの経営手法を使っている。鴻海はテリーさん個人がSDPに出資した2012年以降、SDP製の液晶パネルを搭載したシャープの電子ホワイトボードを導入し、戦闘指揮センターの運営効率をさらに上げていた。

私は2020年初めに台湾に帰った後、2022年6月の株主総会で会長を退任するまで、新型コロナウイルス禍による移動制限で日本に戻ってくることができなかった。そこで、シャープの台湾法人が新北市内で同じような執務スペースを購入・整備し、私は連日そこからいつも通り指揮を執り続けた。

私はシャープが早期の経営再建に成功した理由の1つが「スピード経営」だったと考えているが、戦闘指揮センターという手法が大きな役割を果たしたことは間違いない。

黒字化するまでは報酬ゼロ

「山は高きに在らず、仙有らば則ち名あり。水は深きに在らず、龍有らば則ち霊あり。斯《こ》は是れ陋室《ろうしつ》にして、惟《た》だ吾が徳のみ馨《かんば》し（中略）。孔子云う、『何の陋《いや》しきことかこれ有らん』と」

これは私が好きな唐詩「陋室の銘」である。どんなに狭くて粗末な部屋に住んでいても、自らが徳を高尚にしていれば恥じることはない、といった矜持を詠じている。

私は大学時代に始まり、大同での東京駐在を経て、鴻海の深圳・煙台の工場に至るまで、基本的に寮で暮らしてきた。大同の経営理念である「正誠勤倹（正しい心で誠実・勤勉に、慎ましやかに経営に当たる）」が身についているので、会社が自分のために豪華な社宅を用意することを望んでこなかった。

2016年8月にシャープの社長に就任しても、私の考え方は変わらなかった。

当初は前述した早春寮に住んだ。1969年に完成した寮であり、風呂は共同の大浴場であるなど、私が入居した時点でかなり老朽化していた。

シャープのスタッフからは、日本の大企業の社長は立派な住宅に住み、黒塗りの社用車で送迎されるのが常識だと反対されたが、私は断った。私の仕事のスタイルや習慣に合わなかっただけでなく、債務超過で東証2部に降格した会社の経営をあずかる人間として、1円でも節約したいとの思いがあったためだ。

社長が率先して節約を実行することで、徹底的な構造改革を実施し、業績を早期に黒字化させる決意を社内外に示す意味もあった。西田辺にあった本社は早春寮から徒歩6分ほどと近かったのだが、さすがに堺の新本社は徒歩で出勤するには遠すぎた。前述した誠意館へと2018年に引っ越すまで、早春寮に住んでいた幹部社員と社有のワゴン車に同乗して出勤した。

また、私は社長就任に際して「シャープが黒字転換しない限り、社長としての報酬を受け取らない」と宣言し、実際に報酬をゼロにしていた。こちらも早期に黒字化させる決意を示す意図があった。

交際費も会社には一切申請しなかった。堺から東京に出張する際は新幹線に乗るが、グリーン車ではなく普通車に乗った。出張とは会社のお金を使った公務であり、楽しい新幹線旅行ではないのだから。

社長報酬をゼロにしていたことに関しては、こんなエピソードがある。

私は2016年8月に社長に就任したが、当初は商用ビザで日本に入国・滞在していた。2017年初めにはシャープの業績がある程度回復し、私の経営再建策が成果を挙げてきたこともメディアで評価を受け始めた。つまり、私はシャープの社長として、日本社会で一定の知名度や地位を得ようとしていた。

そのまま商用ビザで長期滞在していては、日本の入国管理当局からあらぬ誤解を招き、シャープの名誉も傷つけかねない。そこで、在留カードの取得を申請することを決め、事務の担当者に手続きを依頼した。

ところが、なんと窓口で「日本で収入がなく、納税実績もない」という理由で申請の受付を断られてしまったのだ。私は日本を代表するシャープという会社の再建のために無給で働いていたのだが、在留カードの取得を断られるとは正直なところ驚いた。

偶然その翌日に、ある衆院議員との会食があったので、事情を話した。すると、すぐに出入国管理を管轄する法務省に掛け合ってくれたらしく、大阪の入管当局から連絡が入り、在留カードはとんとん拍子で発行してもらえた。今となっては笑い話であり、柔軟な対応をしてくれた日本政府には感謝申し上げたい。

社長報酬をゼロにしていたことには、実は鴻海での習慣を引き継いだという側面がある。私はシャープへの移籍直前まで鴻海で副総裁を務めていたが、テリーさんや私などの最高幹部は現金による報酬はゼロで、担当する事業部門の業績に応じて譲渡制限付きの鴻海株を受け取るという制度を運用していた。シャープも２０２１年６月の株主総会で、同様の制度の導入を決議した。

シャープでの報酬については、２０１７年12月に東証１部に復帰した後、社内の報酬委員会から「黒字決算が定着した以上、役員報酬のルールに従ってほしい。社長の報酬ゼロが習慣化すると、あなたの後継者が困ってしまう」との訴えがあり、２０１８年４月から受け取っている。これはシャープが再生を果たした証しだと前向きに受け止めるようにしている。

52本の社長メッセージ

私は大同時代も鴻海時代も、部下との意思疎通を大切にしてきた。経営陣が現場の声に耳を傾け、会社の経営方針を全社員に理解してもらわないと、組織の力を最大限に発揮できないからだ。

それは大同の半導体部門でQCサークル活動を行ったときも、鴻海でそれぞれ40万人超、10万人超の従業員を抱えていた深圳、煙台の工場を運営していたときも同じだった。シャープでも意思疎通を活発にしようと考えたのだが、拠点数が多いうえ国内外に分散しており、物理的に難しいことに気が付いた。

前述した戦闘指揮センターのテレビ会議を使えば、幹部社員とは頻繁にこちらの意思を伝えたり報告を受けたりすることができる。しかし、会議には出てこない一般社員とはどうやって意思疎通をすればいいのか。鴻海の中国工場には十万人以上とちょっとした地方都市並みの人数の社員がいたが、大半が製造という同じ業務に従事しているうえ、同じ敷地内にいるので意思疎通は比較的容易だった。

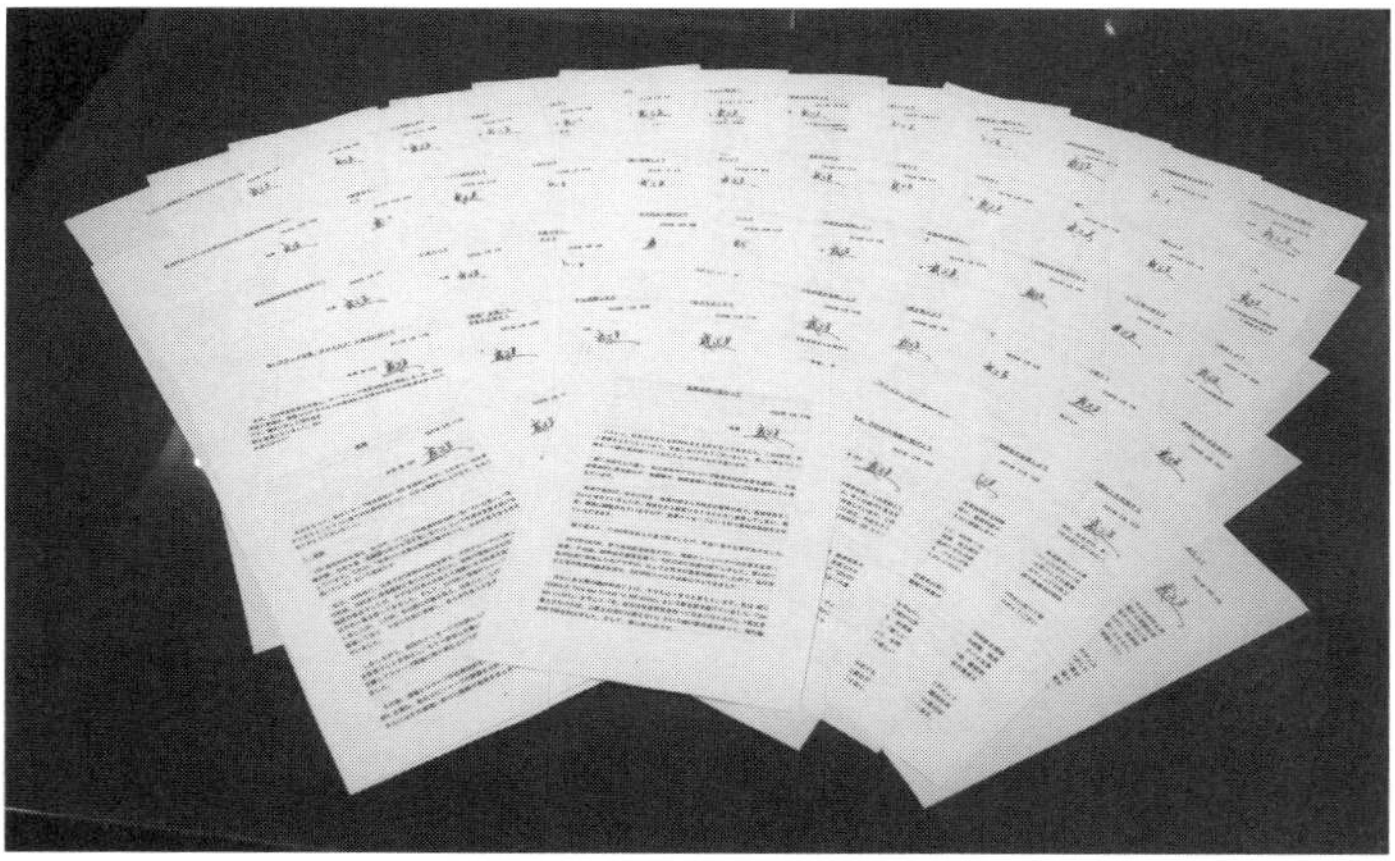

社長メッセージを通じて社員とつながる

そこで、「社長メッセージ」という手法を思いついた。

四半期ごとの決算発表や株主総会、期末日などの経営の節目や、一般社員にどうしても伝えたい思いがあるときに、A4版にして3、4枚のメッセージをまとめた。

これを全社員が目を通せるよう、社内のイントラネットに掲載するのだ。シャープの取材を担当しているメディアの記者とも共有した。社内はもちろん、日本社会に対してシャープの経営状況を報告するツールとして使った。

2020年6月に社長職を副社長だった野村勝明氏に譲り、会長兼CEOになった後も「CEOメッセージ」として発信を続け、会長を退任した2022年6月までの約6年で合計52回に達した。著名な経営コンサルタントである大前研一氏が、雑誌の記事で斬新な経営手法だと高く評価してくれたこともある。

1回目の社長メッセージは社長就任直後の2016年8月22日に発信し、タイトルは「早期黒字化を実現し、輝けるグローバルブランドを目指す」だった。

私の自己紹介のほか「ビジネスプロセスを抜本的に見直す」「コスト意識を大幅に高める」「信賞必罰の人事を徹底する」という構造改革の3つの方針を明記するなど、この前日に幹部社員との集会で発表した経営基本方針の骨格を一般社員と共有することを狙った内容である。

「構造改革や鴻海グループとの連携が進む中で、皆さんは大きな変化に直面し、戸惑いや不安を感じられているかもしれません。しかしそれらの変化はすべて、1日も早く黒字化するためであり、再生を果たして喜びを分かち合うためでもあります。皆さんと私は仲間です。一緒に困難を乗り越え、早期の黒字化を果たしましょう！」

メッセージの最後はこんな呼びかけで締めくくった。

当初は私が中国語で書き、スタッフに日本語へと翻訳してもらっていたが、途中から、私が一般社員に伝えたいポイントを提示し、日本人スタッフの意見を聞きながらまとめる方式にした。外国人である私の発想だけで書くと、日本社会に対する非礼や日本人社員が不快に思う表現を含むメッセージになりかねないためだ。

さらには、会社のガバナンス規則や東証のルールにのっとった内容にする意図もあった。とはいえ、私の名義で発信する以上、「有言実現」でなければならない。多くのメッセージを出すのはいいが、机上の空論で終わっては、私のリーダーシップが揺らいでしまう。

最後の52回目は「会長退任にあたって」というタイトルで、鴻海とシャープが出資契約を締結した2016年4月2日から6年間の経営を振り返った。過去に例を見ないスピードで東証1部復帰を果たしたことや、米中貿易戦争やコロナ禍、半導体不足などの不測の事態が続いても安定的に黒字を計上できる経営体質になったことを報告した。

私としては「有言実現」を果たした格好になるが、これはシャープ全社員の知恵や努力がなければ実現しなかった結果だった。私は最後のメッセージで、改めて「苦しいときもつらいときも、一緒に歩み続けてくれたことに、心からお礼を言います」と感謝の意を表明した。

ちなみに「有言実現」とは私の造語である。

日本では「有言実行」という四字熟語が一般的なことは、私もよく理解している。しかし、「実行」では着手しただけで終わってしまうかもしれない。重要なのは「言ったことを実現すること」である。従って、私は「有言実行」ではなく「有言実現」という言い回しを使うことにしている。

「液晶のシャープ」からアップル型経営へ

続いて、前述した経営スタイルに基づき、私がシャープをどのような会社として再生させようとしたのかを振り返りたい。

シャープはかつて、日本の産業界で「総合電機メーカー」の一角を占める存在として成長してきた。具体的には「液晶のシャープ」という経営方針のもと、液晶パネルを自社生産し、「ＳＨＡＲＰ」ブランドの液晶テレビを製造・販売するのが主なビジネスモデルだった。

しかし、２０１０年前後にその路線が行き詰まり、鴻海の出資を仰いで経営再建を目指すことになった。私が社長就任時に掲げた東証１部復帰は短期的な目標でしかなく、シャープが中長期的にどんな会社を目指すのかは、それとは別に考えなければならない。

私は鴻海の副総裁としてシャープへの出資を検討する過程で、「ＳＨＡＲＰ」ブランドの製品の売り上げ状況を調べたことがある。「ＳＨＡＲＰ」ブランドには一定以上の価値があるとの調査結果が出て、鴻海がシャープへの投資を決めた理由の１つになった。

つまり、シャープは中長期的に、アップルと同様、自社ブランドの製品を中核とするビジネスモデルを目指すべきであるというのが私の判断だった。第1回の社長メッセージのタイトルに「輝けるグローバルブランドを目指す」と盛り込んだのは、まさにそのためだ。iPhoneの大ヒットで巨大IT企業へと成長したアップルは製品企画や販売・マーケティングを自社で手がけるものの、製造は鴻海などのEMS会社に全面委託している。

シャープも技術開発や販売の能力は高いので、「SHARP」ブランドのヒット商品作りに資源を集中し、量産はEMS会社に任せてしまう方が経営効率は高いはずだ。製造部門は大量生産ではなく、重要な技術を開発・維持する目的で持っておけば十分である。そもそも、シャープは私が社長を引き継いだ時点では財務体質が非常に悪く、自社工場をできるだけ持たない「軽資産」の経営を志向せざるを得ない状態にあった。

アップル型を志向すべきもう1つの理由は、日本で工場、特に電子機器の工場の数が減り、シャープを含む日本メーカーの生産管理のレベルが相対的に下がってしまっていることだ。第6章で詳しく述べるが、私は大同時代に日本人技術者から無駄のない運営が特徴であるトヨタ生産方式を学び、その後の鴻海での工場運営などに生かした経験がある。

残念ながら、日本は21世紀に入って以降、工場の数が減ってしまい、若い技術者が生産管理の経験を積む現場が減ってしまっている。現在の日本ではシャープに限らず、EMS

である鴻海のように、工場のコスト競争力や供給能力で勝負するビジネスモデルが成立しなくなっている。

「誠意と創意」――創業者の理念に学ぶ

「ＳＨＡＲＰ」ブランドの製品・サービスを中心としたビジネスモデルの会社として発展を目指す以上、このブランドの創設者である早川氏がどんな思いで経営に当たったかを知ることは極めて重要だ。第１章で触れた通り、私は２０１２年初めのシャープとの提携交渉の過程で「誠意と創意」という経営信条の存在を知った。

正直なところ、その時点では大して気にも留めていなかった。鴻海による出資が事実上決まった２０１６年３月頃に、シャープのスタッフから早川氏の経営の歩みをまとめた資料を渡され、その経営信条がシャープの再生に不可欠な要素であることにようやく気が付いた。

今から50年近くも前に、顧客や仕事に対する「誠意」、新たな製品・サービスを生み出す「創意」の重要性を指摘していた早川氏の先見性には頭が下がる。シャープを再生するためには、魅力的な製品・サービスを生むイノベーション、つまり創意が不可欠である。そして会社や仕事、顧客に対する誠意も不可欠だった。
テリーさんも早川氏を尊敬しており、出資契約を結んだ直後の2016年4月16日には、彼の提案で当時は西田辺の本社ロビーに飾られていた早川氏の銅像に献花する儀式を開き、ともにシャープの再生を誓ったことがある。

私が早川氏の経営信条に対する関心をさらに深めたのは、日課の散歩がきっかけだった。前述した早春寮に住んでいた頃、早朝の散歩の途中に「早川徳次」という小さな表札がかかった邸宅を見かけた。出勤後にスタッフに確認してみると、まさに創業者の早川氏のご自宅であり、ご長女が住まわれているとのことだった。

同時に、私は早川氏の孫の2人がシャープの幹部社員として働いていることを初めて知った。そんな経緯が孫の1人を通じてご長女に伝わり、ご自宅にお招きを受けることになった。

2016年11月の週末の夕方、私は当時のシャープとして最も先進的な商品だった小型ロボット「ロボホン」を手土産に、ご自宅にお邪魔した。ご長女からは早川氏のお考えや思い出をうかがうことができ、直前に発表していた「Be Original.」というスローガンに感銘を受けたとのお言葉もいただいた。

さらに、早川氏直筆で「以和為貴（和を以て貴しと為す）」と揮毫された額縁や早川氏の自伝を頂戴した。私はこれら早川家の皆さんからの贈り物には「『One SHARP』となって再生を果たしてほしい」というメッセージが込められているものだと考え、大いに励まされた。

この日、ご長女と夕食をご一緒した帰り道では、空に大きく綺麗な月が出ていた。その翌日は、68年ぶりに月が地球に最も接近する「スーパームーン」だった。私はその月を見上げながら、「シャープはあと一歩でこのスーパームーンのように、大きく光り輝く。簡単な一歩ではないが、社員と一緒に何としても歩んでみせる」との決意を新たにした。

私はご自宅への訪問で、早川氏への尊敬の念を強くした。

大きな理由は早川氏がご長女や孫をシャープの経営に関与させなかったことだ。私と早川家との交流はその後も続き、コロナ禍以後初めて訪日した2022年9月にも食事をご一緒したが、シャープの経営に干渉するようなお話は一切なく、いつも私を激励してくださった。日本であれ台湾であれ、創業者は経営の世襲を考えるものだが、私は現代の企業経営は古代の専制王朝とはわけが違うと考えている。

早川家との交流についてはテリーさんも興味を持ち、彼は2017年1月の春節（旧正月）直前にはプライベートジェットでご長女らを台湾・台北市の自宅に招き、食事をしたことがある。鴻海の創業者であるテリーさんは先輩格の創業者を常々お手本としているが、台湾でも知名度が高い早川氏への敬意を行動で示したかったのだろう。

旧本社ビルへの思い

メディアに「冗談交じり」だとからかわれた西田辺の旧本社ビルの買い戻しも、私にとってはシャープという会社の創業の精神に立ち返り、社員の士気を上げるためには欠かせない行動だった。旧経営陣が2016年7月1日、本社を堺事業所に移したこと自体は経営の合理性からみて正しかったし、私は現在もその決定を支持している。

しかし、早川氏が社長を務めていた1956年に完成した旧本社ビルはシャープの象徴であり、売却することはいわば会社としての「根っこ」を失うことに等しい。冒頭で触れた台湾・宜蘭の私の実家は建物としては古すぎて住めないが、私という人間と祖先をつなぐ象徴であり、絶対に売るつもりはない。会社も人間も同じだ。

シャープは西田辺地区で旧本社ビルのほか、道路を挟んで南向かいに建つ「田辺ビル」を売却してしまっていた。私は「象徴を失ってはシャープの再生に支障が出かねない」と判断し、2016年8月に社長に就任すると、直ちにこの2棟の買い戻しを指示した。旧

大阪・西田辺の旧本社ビル（2016年撮影）

本社ビルは条件が折り合わなかったが、田辺ビルは売却価格から一定の金額を上積みした約139億円でNTT都市開発から買い戻すことができた。

本来は、私の在任中にデベロッパーと共同で、周囲の環境に配慮した最先端の高層ビルとして再開発し、最上階にシャープや早川氏の博物館を備えたかった。しかし、財務体質の改善が最優先だったので諦めた。社員の間では、慣れ親しんだ西田辺に本社を戻したいとの声も強いようだ。判断は未来の経営陣に委ねたい。

本章では私の経営スタイルや「SHARP」ブランドへの考え方を通じ、シャープ再生の進め方や方向性などの大枠を示してきた。次章からは、シャープが経営危機に陥った理由を私がどう分析し、東証1部復帰までにどんな構造改革を実施したのかを具体的に振り返っていく。

第3章

構造改革への挑戦

「One SHARP」を目指して

シャープの経営危機は2015年度の後半から深刻の度を増していた。

同年10月下旬に2016年3月期通期の連結営業損益の予想を100億円の黒字（従来予想は800億円の黒字）に引き下げたのだが、2016年3月末には1700億円の赤字とさらに下方修正した。

私は当時、産業革新機構との出資争いの真っただ中にあり、外部からシャープを観察していた。短期間で赤字が膨らみ続けることに「なぜこんなに巨額の数字のズレが生じるのか」と驚いた記憶がある。

当時のメディア報道によると、歴代社長が社内で権力闘争を繰り返し、経営判断のミスが続いたらしい。私は当事者ではなかったので推測になるが、社長と事業部門のコミュニケーションが不十分だったのだろう。どんな大企業であっても、社長は事業部門、工場、販売会社など、現場の状況を自分で把握する努力をせねばならない。

私は前述した戦闘指揮センターをフル活用し、海外の販売子会社の社長らとも頻繁にテレビ会議を開いていたので、たとえ彼らと会ったことがなくても全員の顔と名前が一致していた。シャープの経営が悪化する時期に社長を務めていた片山氏、奥田氏、高橋氏らは違ったのではないか。本社の社長が販売の最前線の情報に素早く正確に触れていれば、業績の変動はもっと着実に把握できるはずだ。

厳しい言葉になるが、当時のシャープは現場と乖離した「お飾り経営」だったのだろう。人件費削減のため、希望退職の募集を２０１２年、２０１５年と2回も実施した結果、会社の将来に失望した優秀な人材が次々に流出したと聞いている。

当時の経営陣はこの窮地で社員の士気を保つことができず、会社運営は綱渡りとなり、販売不振・在庫急増・調達コスト上昇の悪循環から巨額の赤字を計上するに至ったようだ。メインバンクに金融支援を仰いだものの、効果的な打開策は見つからず、会社は経営破綻寸前に陥ってしまった。とても残念な歴史だ。

私は２０１６年8月に社長職を引き継ぐに当たり、リーダーシップのあり方を改めて指し示すこと以外に、崩壊に直面していた組織と人事を再構築することがシャープ再生の喫緊の課題だと考えた。経営基本方針に盛り込んだ構造改革の具体策の中で、組織改革を筆頭項目に掲げ、信賞必罰を大原則とする人事改革を明記したのはこのためだ。

私は全社員が一致団結し、新たな組織において「One SHARP」という共通の意識を持ち、シャープの再生を最も重要な目標だと位置付けてもらいたかった。再生に貢献する能力を

大阪府堺市の本社（2017年撮影）

持つ人材が士気を高め、力を結集して業績立て直しに全力投球できる組織や制度を実現したかった。

組織改革はまず、取締役と監査役の数を減らすことから着手した。

鴻海による出資が決まる前は取締役13人・監査役５人だった役員構成を２０１６年８月13日に私が社長に就任した時点で取締役９人・監査役４人までスリム化した。

さらに２０１７年６月の株主総会で監査等委員会設置会社へと移行し、社外取締役を含めて９人まで役員の数を減らした。18人から９人まで絞り込んだことで役員報酬を大きく削減できただけでなく、取締役会の効率が上がり、取締役が本当の意味で経営判断に加わることができるようになった。

2018年6月の株主総会では、さらに7人まで役員を削減した。22人いた執行役員も大半が名ばかりで機能していなかったので、実質的に廃止した。重要事項を決定する「経営戦略会議」の権限範囲を定めた後で、優秀で適切な人材を選んで各部門の責任者に据えた。

シャープが手がける事業・技術の領域は多岐にわたっている。業績不振に陥ってからは社長など経営陣が頻繁に入れ替わり、新任の経営陣が技術に関する専門知識を十分に持たないまま指揮を執ることがあったようだ。

このため2015年に社内カンパニー制を導入し、それぞれが業績に責任を持つ経営体制に改めた。そのアイデア自体はいいのだが、当時は残念ながら経営トップの判断力や統率力が不十分なため、各カンパニーが自分の利益ばかりを優先する状況になっていた。

全社に共通する価値基準を持つことなく、情報が共有されることもなく、会社として力を結集することができない。また、事業間のシナジー（相乗効果）の減少、重複する業務の存在によるコスト増加など、社内カンパニー制のデメリットが如実に表れていた。

中国語の慣用句でいう「開源節流（水源を開発し水の流失を抑える＝収入を増やし支出を抑える）」のためには、「One SHARP」を実現することが急務だった。

社内カンパニー制のデメリットを実感した現場は中国だった。

私は2016年8月13日に正式に社長に就任したが、日本はちょうど夏休みの時期だったので、1週間かけてシャープが中国に持つ拠点を視察することにした。上海市、江蘇省南京市などの主要拠点を一巡して気が付いたのは、拠点数や駐在員数が多すぎることだった。特に顕著だったのが、上海にある現地法人だった。

中国代表という肩書の幹部社員のもと、白物家電、複合機、液晶パネル、半導体など社内カンパニーがそれぞれ派遣した駐在員が同じオフィスに勤務していた。

ただ、当時の中国代表はシャープ社内における地位が高くなかった。駐在員は彼の言うことを聞かず、出身母体のカンパニーを向いて仕事をしていた。同じ場所にいるのに、カンパニーが違えば社員どうしの交流がない。カンパニーが思い思いに設立した子会社・孫会社が中国全体で約20社もあり、管理のしようがない状態だった。

本来は、製品を中国市場向けにカスタマイズする共同研究や、大口顧客から社内カンパニーの枠を超えた共同受注を目指すなどの取り組みがあるべきだが、全く行われていなかった。生産面でも、工場の生産設備を共有するなどの工夫が全くなかった。

例えば、南京のテレビ工場はシャープ製の液晶パネルをほとんど使わず、大半を他社から調達していた。拠点数はただでさえ多すぎるうえ、入居している建物はいずれも賃貸契約の年数が長すぎ、前倒しの解約ができなくなっていた。

中国事業全体の最適化を考える組織体系であれば、これらの問題は起こらなかったはずだ。シャープは2016年11月、鴻海が一大拠点を持つ深圳に中国事業の統括会社、夏普科技（深圳）を設立し、中国事業の全体最適を追求できる体制を築いた。

「社内カンパニー制」の廃止

私はシャープが中途半端に独立した社内カンパニーのせいで経営資源の配分が部分最適となり、人件費やその他の固定費が膨らんで業績の足を引っ張っているのだと判断した。

上海の現法はあくまで象徴であり、全社に同じことが言えた。例えば、当時から白物家電でも、あらゆるものがインターネットにつながる「IoT」化が進んでおり、本来は白物家電部門とIT部門が開発段階から協力しなければヒット商品は開発できない。

これは日本国内での事業にも共通するが、例えばプリント基板に電子部品を載せる表面実装機を購入したいという申請があった場合、私は必ず「他の事業部門に空いている実装機がないか確認し、空きがあったらそれを使え」と指示した。

部門の枠を超えてオフィスや設備を共用する節約の発想がなければ、経費は削減できない。どれか1つの社内カンパニーの業績が良ければいいというものではなく、会社全体として良くならなければだめだ。だから私は「One SHARP」を提唱した。

第7章で詳しく述べるが、鴻海は逆にそれぞれの事業部門が完全に独立して部分最適を追求し、トップマネジメントが全体を束ねる組織体系をとっている。これは鴻海のビジネスモデルが顧客のブランドの電子機器の製造を請け負うEMSであるためだ。

事業部門はアップル、ソニーなど顧客別に分かれており、新製品の性能・特徴や発売時期など顧客の秘密を守るため、部門間の交流を厳禁としている。しかし、「SHARP」ブランドの製品の開発・販売がビジネスモデルの中心であるシャープは全社員が部門を超えて力を合わせ、ブランドの価値を高めていかねばならない。

私は経営基本方針に社内カンパニーを廃止し、かつての事業本部制に戻すことを盛り込んだ。社内カンパニーのように独立性の高い運営形態については今後、事業本部が一定以上の期間、優秀な経営成績を残し続けた場合に検討するか、本当に株式新規公開（IPO）を目指すことができる子会社か、の2つの可能性に限定することにした。

復活した事業本部は社長に、つまり私に直属する組織と位置付けた。事業本部のトップは社長に直接報告し、指示・指導を仰ぎ、決裁を求めねばならない。そして、各事業本部は4階層のプロフィットセンター（収益部門）に分けた。すなわち事業本部、事業部（ビジネスユニット）、製品別のスモールビジネスユニット、生産の4階層である。新たに制定した信賞必罰の報償制度に基づき、それぞれの階層のプロフィットセンターのトップに責任感を持たせ、積極的に成績を上げるよう動機づけ、全社の利益の最大化を目指した。

私は奈良県天理市などに拠点を持つ研究開発本部もプロフィットセンターとした。一般に、日本の大企業の研究開発部門は成果のマネタイズ（収益化）への関心が低いと言われる。シャープの研究開発も巨額の予算を割いてきたにもかかわらず、商品化に至らない案件が多かった。私は天理の研究者たちに、開発した知的財産のマネタイズを考えるよう求めた。

もちろん、各事業部門が進める製品開発への貢献も研究開発本部の収益と勘定するのだが、液晶パネルに使う化学材料を転用した蓄冷シートなど、同本部による独自開発の製品も生まれ始めた。研究開発費を自ら賄うサイクルが一部で成り立ち始めている。

一方で、社長室と管理本部を中心に本社の組織改革も行った。

新任社長である私がシャープの直面している課題と問題点を理解して対策を打つには、業務を補佐し、手足となって動いてくれる実働部隊が不可欠だからだ。社長室には構造改革、事業開発（投資部門）、法務、広報、人事、ＩＴなどのスタッフを集め、総勢で２００人を超える大所帯となった。管理本部には財務、会計、投資家向け広報（ＩＲ）などを担当させた。

本社の機能を強化し、社長が全社の運営状況を素早く、正確に把握できるようにする改革だった。

「３００万円以上」は社長決裁に

本社による管理の厳格化の具体例としては、決裁金額の変更がある。

鴻海で私が担当していた事業部門は「決裁金額一覧表」で決裁を厳格に管理していたが、シャープでは規定自体が甘いようだった。従来は社長による審査・決裁が必要な出費・投資の金額は1億円だったが、私の就任の初日から３００万円まで引き下げた。

これにより、ほとんどの取引が私の許可を得ないと実行できないことになり、当初は多忙を極めた。しかし、私は鴻海時代に身についた「今日できることは今日中に終わらせる」という長年の習慣に従い、やり切った。

この手法には当然、無駄な出費を抑える効果があるのだが、より大きな狙いは私自身がシャープ内部のオペレーションを理解することだった。カネの流れを押さえておけば、社員がどう考え、社内で実際にどんな動き方をしているのかを把握できる。ひいては経営の全体像を把握でき、正確な判断を下すことにつながる。

私は決裁を求めてきた担当者に対し、電子ホワイトボードを使って直接説明することを求めた。説明に論理性がなく、納得できない場合は決裁書を容赦なく突き返した。7、8回突き返した後に、ようやくOKを出したこともある。

担当者は社長への説明を上司任せにできなくなり、業務への責任感や社内で高い評価を得るため決裁書を真剣に作るようになった。つまり、担当者レベルの責任感がとても強くなった。当初は遅くまで残業して決裁書を作り直した社員も多かったようだが、半年もすると私も社員もお互いにペースがつかめるようになった。私が担当者の顔と名前を覚えたという副次効果もあった。

日本企業の稟議書にはハンコが多いと言われるが、実際にシャープの稟議書には10個以上のハンコがあることもわかった。本当に意味があるハンコは担当者、直属の上司、決裁権者の3つだけだ。

私は無駄なハンコをなくすとともに、決裁権限の与え方などを明確に規定する改革を進めた。最後は社長である私が決裁するわけだから、形式的なハンコはいらない。ハンコが減れば決裁にかかる時間が短縮されて経営のスピードが上がるだけでなく、これも担当者の責任感を強くすることにつながる。

より大きな狙いは、経験が豊富な私がどう決裁するかを社員に見せて、教育することだった。詳しくは後述するが、シャープは経営が苦しかった時期に他社と不用意な契約を結び、経営の手足をさらに縛ってしまうミスを犯していた。重要なのは決裁金額の大小ではなく、決裁書の欠陥を見抜き、会社に損失をもたらす経営判断を避ける能力を幹部社員が身につけることだった。

東証1部に復帰した後にはこの改革が軌道に乗ったと判断し、社長決裁の金額を2018年に2000万円、2019年には1億円に引き上げた。創業から100年以上の歴史を持つシャープの経営が正常に戻った象徴の1つだと思う。

信賞必罰の人事制度改革

人事制度の改革は、まず給与カットを取りやめることから始めた。

2016年8月に私が社長に就任した時点で、シャープは業績不振への対応策として一般社員は2%、マネージャー級は5%の給与カットを実施していた。私はこれを直ちに取りやめ、給与を元の水準に戻した。全社員が士気を高め、一体となって難局に立ち向かえば、早期の黒字転換は実現できると考えたためだ。結果として、シャープの業績は証券アナリストなどの予想より2年は早く黒字化した。社員は私の期待に応えてくれた。

前述した通り、私はシャープの組織改革を実行したが、組織は適切な人材を抜擢してこそうまく回るものだ。私は鴻海時代の経験と手法に基づき、公開かつ公正な「全社人事評価委員会」を創設するとともに、役職や経歴などにとらわれず社員に役割を設定し、その役割の大きさに応じて等級や序列を決める「役割等級制度」を改定した。

全社人事評価委員会は事業本部長以上の幹部社員を委員とし、四半期に1回以上開く会議とした。委員会はまず、各事業部門から同じ基準で上がって来たデータに従い、社内の人材から期待の若手を選び、リテンション（引き止め）施策をとることを議論・承認した。全社の業績が黒字化すれば、委員会は事業部門と個人が当該の四半期に負った責任の範囲や能力、ＫＰＩ（重要業績評価指標）に基づき、賞与の支払い金額を決める仕組みとした。

この信賞必罰の報酬制度の運用を２０１７年1月に本格化したことで、シャープのボーナスは月給の1カ月分から8カ月分まで、支給額に差をつけられるようになった。利益に連動するボーナスの比率が高い鴻海では最大20カ月分まで出せるが、シャープの制度は「結果の平等」を重んじる日本社会の中ではかなり成果への連動性が高い制度だと言えるだろう。

役割等級制度では、等級について経営幹部では副社長、専務、常務、事業本部長など、マネージャー層は事業部長、部長、課長など、それ以下の社員を係長、主任、大卒の新入社員などと分けた。役割については、マネージャー級で管理職と技術専門職に分けた。日本独特の人事制度である年功序列を廃止し、若くて優秀な幹部・一般社員を抜擢するのが狙いだった。

優秀な人材の獲得については、まず新入社員の採用方針を明確に規定した。

シャープは当時、全社の人事部門が新卒者の採用人数をコントロールしていたが、業績不振のためか優秀な理系人材は他社に流れる傾向にあった。私はシャープの優れた技術力を維持・強化するため、取り急ぎ大学・大学院卒の新入社員の初任給を引き上げるとともに、理系8割、文系2割の比率で採用することに決めた。

その後は毎年、各事業部門の責任者が事業方針や組織の運営構想に基づいて必要な人数・人材を社長に申請し、全社の人員構成や経営戦略とすり合わせたうえで新卒採用を行うことにした。採用後は、特に理系の新卒社員に対しては定着率を高めるため、研修・育成プログラムを充実させた。

一方で、シャープは業績不振の時期に希望退職の募集を実施したほか、希望退職の対象外である優秀な若手などの人材も流出していたという問題があった。OB・OGはシャープでの仕事を経験済みなので、即戦力として社業に貢献してもらえる。そこで、自己都合で退職した人を対象とした「カムバック採用」と呼ぶ制度を導入し、私が社長に就任した2016年8月からの6年間で約45人にシャープに復職してもらった。もちろん、一般的な中途採用で、社外から新たな技術や専門知識を持ち込んでもらうことも積極化した。

新たな人事制度で重視したことは、箇条書きにすると以下の通りとなる。

- シャープは国際的なブランド力を持つ企業だが、実際は日本国籍の人材・社員が大半を占めてきた。今後は事業のグローバル化や現地化を進めるため、国籍、年齢、性別にはこだわらず、成果主義を徹底する。
- 職位の昇格や事業本部間の人事異動は、すべて社長による審査を経てから実施するよう規定する。
- 現行の人事ローテーション制度は秩序なく行われ、意味のない社内手当を増やすだけの浪費の温床となっており、いったん廃止する。研修制度を改定した後に、再開するか否かを検討する。
- 単身赴任は原則として禁止する。

・担当事業部門の業績や個人としての成果が上がってない経営幹部は、社長による指導を受けても改善しない場合、マネージャー級に降格する。
・ストックオプション制度や譲渡制限株式による報酬制度を導入し、経営幹部の報酬・給与を業績と連動させる。
・営業部門の給与にインセンティブ制を導入し、販売実績が高い優秀な社員を正当に評価する。

「人員適正化の12施策」

人員規模の適正化も人事改革の重要な一環だった。

シャープは経営不振に陥った後、社内に余剰人員を抱えることになった。一方で、あらゆることを外注していた以前の習慣や契約の影響で、下請け業者や派遣社員に任せたままの業務がたくさん残っていた。この問題は日本の現行の労働法令に従えば対策が難しいため、旧経営陣は有効な手を打てず、コスト削減の障害となっていた。

自社の人手が余っているのに、業務を社外に委託したままではシャープのコアテクノロジーの流出にもつながりかねない。私は社長就任後、各事業部門が余剰人員削減に取り組むためのガイドラインとなる「人員適正化の12施策」を打ち出した。12の施策を箇条書きにすると、以下の通りとなる。

- 信賞必罰
- 協力会社などへの事業の譲渡
- 下請け業務を社内に戻す（特にシャープが設備を提供している下請先から）
- 全社の経営戦略に基づいた子会社の売却
- 自己都合退職者のフォローとその不補充
- 条件付きの早期退職の実施
- 業績が改善しない事業からの撤退
- 専門知識に基づく社内での配置転換
- 事業部門から営業部門への人員シフト
- 休職制度の活用
- 出資比率50％未満の独立子会社を設立（知財・物流・法務・IoT・通信・医療などで検討）
- 専門性のある幹部社員の鴻海グループでの再雇用

私はすべての事業部門に対し、縦にこれら12の施策、横に時間軸を入れた一覧表を作成させ、人員の効率化・適正化の進捗状況を定期的に報告させた。本社の判断による意図的な人員削減は行わなかったものの、事業部門に緊張感を持たせ、それぞれが適正な人員規模を実現するように意識づけたのだ。

人事や賃金の制度は平等であることが大切だが、日本の年功序列が実現しているのは結果の平等だ。社員の生活の保障にはなるが、経営の効率は上がらない。私は経営管理では、台湾や米国で一般的な「出発点の平等」の方が重要だと考えている。

シャープで行った一連の人事制度の改革は、レイオフ（一時解雇）などができない日本の労働法令や雇用慣習に配慮しながら、出発点が平等で、信賞必罰を原則としている鴻海の制度にできるだけ近づけたと総括できるだろう。

私は組織や人事の改革案を練る過程で、シャープのスタッフの仕事のやり方や考え方を観察した。真面目で優秀な社員が多いことはすぐにわかったが、いわゆる「大企業病」にかかっていると感じる出来事も多かった。

典型的だったのが、私に対する報告の手法だ。

経営基本方針では組織・人事の改革が最も重要だと考えていたが、鴻海から移ったばかりの私には当然、シャープの組織・人事の現状がわからない。当時の人事の責任者に説明を求めると、常に50~60ページもある紙の資料を準備してきた。これには驚いた。

資料は辞書のように分厚かった。前述した通り、鴻海では2012年からシャープ製の電子ホワイトボードで社内の説明・報告を行っていたので、紙の資料を見ることはほとんどなくなっていた。私は直ちにペーパーレス化を指示した。

報告資料の作成手法にも問題があった。

報告に来た幹部社員に疑問点を訊ねても、その場で答えられない。資料の作成を自分のスタッフに任せっきりにし、内容を理解していないのだ。いわば資料を転送しているだけだった。

ある部門との会議では、報告責任者の幹部社員の後ろに中堅社員が並び、その後ろに一般社員が並んでいた。つまり、彼らは横3列に並んでいて、私の質問に答えられなかった幹部は後列の中堅に訊ね、中堅はさらに後列の一般社員に確認する有り様だった。

私が鴻海の副総裁時代にも専任の秘書を置かなかったことは前述したが、これは秘書任せにしてしまうと物事を自分で処理できなくなってしまうからだ。秘書が先に帰宅したら、書類を探すことすらままならない。鴻海では事業本部長クラスの幹部でも自分で手を動かし、事業を把握する「ハンズオン」が企業文化として定着している。

日本の大企業で幹部社員に出世した人は皆プライドが高い。プライドが高いのは悪いことではないが、仕事で細部に注意を払わなくなるのは良くない。私は報告の責任者が質問に答えられない場合は、何度でも突き返し、再報告を求めた。すると、責任者は報告の内容をチェックし、理解したうえで、自分の頭で考えて報告して来るようになった。

不合理な契約条件を徹底的に見直す

経営基本方針には、シャープの高コスト体質を一掃する構造改革の推進も盛り込んだ。長年染みついた社内習慣に根ざしたコスト増が多かった。ここにメスを入れておかなければ、どんなに魅力的な技術や製品を開発しても、底の抜けた鍋のような状態が続く。収益力はいつまでたっても改善しない。

まず気が付いたのは、他社からのサービス提供や資材調達で長期契約が多すぎたことだ。構造改革を経た現在は本社首脳による承認や合理的な社内審査プロセスが必須となっているが、当時は事実上、事業部門の判断で5～10年の長期契約を締結していた。つまり、1人の社長の任期を超えるような長期の契約が多く、社長は経営を指揮するうえで手足を縛られる状態となっていた。実際に、これらの長期契約の不合理さや弊害はシャープの業績に大きな影響を及ぼしていた。

堺ディスプレイプロダクト（SDP）は鴻海との提携の起点となった（2009年撮影）

鴻海とシャープの関係の出発点となった液晶パネル生産会社SDPがその代表例だった。SDPの液晶パネル工場は計画ベースで総額3800億円という巨額の投資案件である。

ただ、投資を細かく分類すると、SDP自体は建屋とパネル生産設備への投資しか行っておらず、水や電力を供給するユーティリティー（インフラ設備）への投資はシャープ本体と協力会社が担当していた。シャープが貸し出した土地・建屋に、例えば超純水は栗田工業、電力は関西電力が設備を置いて液晶パネル工場に供給していくスキームである。

問題はこれらの大半が長期の契約だったことだ。工場の稼働後にシャープ側が不利な条件だと気づいても、再交渉や話し合いの余地はほとんどなかった。ＳＤＰ製の液晶パネルのコストが高止まりする原因の１つとなっていた。

私が２０１６年8月に社長に就任する直前に、期限が訪れた一部の契約について、総務など事業とは直接関係のない部門の幹部の同意のもと、10年延長してしまった例もあった。とても重要で、かつ金額的な影響も大きい契約を、社内の関係部門によるチェックもなく、社長や経営戦略会議の同意もないまま延長してしまっていいものなのか。

鴻海によるシャープへの出資はその時点で決まっていたものの、前述したガン・ジャンピングの規則で私は意思決定に参画することができなかった。ただし、シャープの再建の行方を左右する重要事項として、事前に状況を知っておいても問題はなかったはずだ。

私はシャープの社長に就任した後、この軽率な契約延長の事実を知り、愕然とした。法務を含むシャープの審査体制は権限と責任が極めて曖昧であり、私はここを徹底的に改革しなければ、将来再び巨額の赤字をもたらす禍根になることを確信した。

ＩＴを効率化する

もう１つの代表例が情報システムだった。

シャープは2013年、社内システムの保守・運用サービス契約を日本IBMと結んだ。期間は10年であり、契約の中には「メインフレーム」を使用することが含まれていた。

メインフレームとはメーカー独自のソフトで動く大型コンピュータのことで、いったん使い始めると簡単には他メーカーの製品に乗り換えができない。信頼性は高いものの高価なため、IT業界ではハードやソフトを自由に組み合わせられる汎用サーバーへの世代交代が進んでいた。

日本IBMがかつての取引において、苦境にあったシャープを支援してくれた恩があることは聞いていた。そうは言っても、私は社長・CEOを務めていた6年近く、毎月の経営業績を検討する際に、高価かつ汎用でないメインフレームを使用するというハンディを負ってしまったのだ。長期契約のデメリットを整理すると、以下の通りとなる。

・私が社長に就任した2016年8月当時、シャープには情報システムに関する複数の長期契約が存在し、契約規模はかなり巨額であった。
・ITは急速に進化しており、最新の技術やシステムを導入しても数年のうちに必ず古くなる。長期契約はシャープのIT分野での進歩と効率を制約することになる。
・契約を途中で解除する場合、高額の損害賠償金の支払い義務があることが一般的である。

・経営の変化・進展に伴い、サービス内容を変更・追加したくても、追加費用が発生してしまう。
・社外に頼りすぎたため、シャープ自身のＩＴの実力が落ち、全社の経営に対する社内ＩＴ技術者の協力が消極的になった。
・保守・運用を全面的に社外に委託していたため、シャープは委託先のセキュリティルールに従わねばならず、不必要で過剰な作業が増えてしまった。

私はこれらの分析に基づき、ＩＴ改革に着手した。

まず、鴻海から競争力のある汎用サーバーと技術を購入し、堺事業所の遊休スペースを利用して「クラウドデータセンター」を構築した。このデータセンターのコスト競争力を生かし、情報システムの構築業務を逆に外部から受注できる体制を整えた。

日本ＩＢＭと結んだＩＴの保守・運用委託の長期契約自体を解除することは難しかった。しかし、メインフレームの使用は段階的に縮小させ、より汎用性のある情報システムへと少しずつ置き換えた。さらに、毎月かなりの費用を支払っていたシステムの開発・保守について、契約先と交渉のうえ、シャープの内製に戻すことを試みた。

結果として大幅にコストを削減でき、シャープの経営管理のニーズに素早く対応できる

堺事業所のクラウドデータセンター（2022年撮影）

ようになった。この技術スキルの再構築を海外子会社や別の事業部門に横展開することで、シャープのグローバルなIT管理は一元化が達成された。

こうした努力を数年間続けた結果、累計で60億円のコストを削減することができた。

しかし、情報システムの契約は2023年3月末の期限切れまで解約できない。これら旧経営陣が結んだ契約は期間が長すぎ、社長・CEOを6年近く務めた私だけでなく、前任者と後継者を含む3人の経営トップが制約を受けることとなった。

中国勢による大増産で供給過剰が慢性化した液晶パネルのように、シャープが本業としている電子産業は環境の変化が激しい。主力製品であっても、2年たつと需要がゼロになる恐れもある。10年という長期契約などありえない。

現在は、あらゆる契約は期間を原則として1年以内にするよう、社内規程を変更した。

さらに、原則として中途解約が可能で、自動延長ではなく期限切れ直前に改めて延長の可否を判断できる契約とすることにした。長期契約が将来、再びシャープの経営の手かせ足かせとなる日が来ないようにするためだ。

偶発債務リスクに対処する

鴻海との交渉が最終局面にあった2016年2月、シャープに巨額の偶発債務のリスクがあることが表面化し、出資契約の締結が1カ月あまり遅れたことは第1章で触れた。私はシャープの社長に就任して以降、それらのリスクが実際の債務に転じる可能性とその原因について精査した。

そして多くのリスク要因について、契約の責任者か担当者が合理的ではない、あるいは不適切な約束を相手企業と交わし、条項に加えてしまったためだと結論づけた。全社の特許・法務体制を強化して対応しなければ、今後も同様の損失が発生するリスクが残ると判断した。

私は合理的ではない不適切な約束について、以下の通り整理してみた。

・不注意で相手に有利な約束をしてしまう。例えば、独占的な代理契約。
・専門性や経験の不足のため不適切な判断を下し、約束してしまう。例えば、地方政府の要求した過多な利益率に同意したことによって、移転価格補償または税金を補うなどの損失を被ったこと。
・社内で習慣的に、前任者の方式をそのまま受け継ぐ。例えば、操業補償。
・取引先との付き合いが長くなり、関係が親密になったため、安易な約束をしてしまう。例えば、必要以上に設備提供義務を負うなどの約束によって被った損失。
・実際の検査を行わず、誤った約束をしてしまう。例えば、調達量の保証や滞留した在庫の評価損。
・経済的な利益に符合しない判断に基づき約束してしまう。例えば、無償か低すぎるライセンス料でブランドの使用を許可すること。
・判断力の不足、あるいは無責任に約束してしまう。例えば、合理的ではない販売リベート。
・現地の法令を知らないため、不適切な約束のもと雇用してしまう。例えば、高額な退職金を支払ってしまうことによる損失。

・不正競争防止法の違反、知的財産の侵害など不適切な約束や行動をとること。例えば、ディスプレー部門や製品販売部門において法律違反があり、対処を迫られた前例があった。

実際に、合理的ではない契約が損失の原因となった事例を挙げてみよう。

シャープは広島事業所（広島県東広島市）を主力拠点とする通信事業本部で「AQUOS（アクオス）」ブランドのスマホを手がけている。世界シェアは1％以下にとどまるものの、日本市場では一定の存在感がある。技術の開発能力も高いのだが、私が社長に就任する前からコスト構造に問題があったようだ。事業本部に理由を説明させた結果、私は中国・深圳の中堅EMS会社に生産を委託していることが問題だと判断した。

中国は依然として「世界の工場」であり、深圳など華南地区がスマホなど電子産業の集積地であることに間違いはない。ただ、この中堅EMSはシャープのOBが経営に関与していた。

私がこの会社を直接調べたわけではないが、中国の工場がコスト競争力を発揮するには、現地の商習慣や言語に通じた中国人か台湾人が管理することが欠かせない。日本人が経営に関与している特定の1社に生産を任せる発注手法では、中国でのコスト削減効果に限界がある。

ＯＢがいる会社には、コストダウンを要求しにくいという事情もある。残念ながら、前述した「合理的ではない約束」をする契約にかなり当てはまってしまっている。私は事業本部に対し、経済合理性の観点から発注先を鴻海に切り替えることを提案した。

鴻海は世界最大のＥＭＳであり、スマホ生産でのコスト競争力は間違いなく世界トップ級だ。実際に、発注先を鴻海に変更すると、通信事業本部の収益性は短期間で改善した。私はシャープがこれから注力するＩｏＴ事業において、スマホに関係する技術が欠かせないと考えていたが、これで安心してスマホ事業を継続できることになった。

長期契約の失敗例としては、太陽電池パネルの原材料であるシリコンの調達がある。

シャープはかつて太陽電池を主力事業の１つと位置付け、太陽電池ブームが起きていた欧州などへの輸出を念頭に２０００年代後半、米国メーカーとシリコンを安定調達するために長期契約を結んでいた。その後は前述した液晶パネルと同様、中国メーカーが政府の補助金を背景に大増産したため太陽電池は価格破壊が進んだ。シャープの太陽電池事業は２０１０年代に入って赤字の垂れ流しが続いていた。

京セラなども似た状況に陥り、契約が不公平だとして同じ米国メーカーを相手に訴訟を起こしたらしい。私はシャープの社長に就任すると、訴訟は起こさずに、このメーカーとの再交渉に臨んだ。契約解除はできなかったものの、新たな契約では購入単価の引き下げに合意したほか、シャープが購入したシリコンを別の会社に転売することが可能になった。

結果として、赤字幅を101億円圧縮することができた。シャープは鴻海が出資して初めての通期決算である2017年3月期に営業黒字に転換したが、私はこのメーカーとの契約見直しが最も直接的に収益の改善に貢献したと考えている。

あらゆる契約の法務審査を徹底する

私はシャープほどの大企業でも契約の結び方を誤ると経営危機に陥ることを実感し、構造改革においては法務の側面からも再発防止策を強化した。

まずは前述した通り、法務部門を社長室の一部門とする組織改革を実施し、社長と社長室長が直接管理することにした。契約の法務審査を社長の目線で行うようにするためだ。シャープのあらゆる契約は法務審査を経ないと署名手続きに移行できない仕組みとした。さらに、重要性が高い、あるいは金額が大きい契約については、経営戦略会議か取締役会の許可を得ねばならないとの規定を設けた。既存の契約についてもすべてチェックし、法務の観点から分類して社長室で集中管理することにした。海外子会社の契約もすべて管理の対象とした。

　契約の締結はシャープグループ全体の利益に寄与することを大原則とし、関係会社の都合を優先するあまりシャープの独立経営を損ないかねない契約は厳禁とした。グループ全体に対し、この大原則に違反しそうな一部の契約は改めて審査し、問題があれば直ちに修正することを指示した。

　特に、重要な資材調達の契約はサプライヤーと改めて話し合い、できる限りいい条件で結び直すことを徹底した。そして、シャープ製品の販売代理を含むすべての契約は、原則として1社独占の契約を避けることにした。

　契約の不適切な管理や不正取引が発覚した場合は、まずは本社の監査部門や中立な第三者による調査を行い、損失の拡大を食い止める。そのうえで、ＰＤＣＡ（計画・実行・評価・改善）サイクルを実行することで問題点を洗い出し、再発防止を徹底する体制にした。

　不正取引はいったん発生すると業績に影響するだけでなく、会社全体の信用にも大きな傷がつくことになる。不正は職権濫用、未決裁、背任／改ざん、私的な利益の授受、不適切なＡＶＬ（Approved Vender List＝承認されたサプライヤーリスト）の作成など、不健全な管理に由来することが多い。私は不正取引を回避するためには、ＡＶＬをしっかり管理せねばならないと考えた。

ＡＶＬに載っていることを取引条件としておけば、会社側は発注書、納品書、検収合格書などの書類に基づき、不正取引をすることなく取引先の銀行口座に代金を振り込むことができる。ＡＶＬの申請として、以下の手順を定めた。

・書類審査――現在事項証明書、銀行の口座情報・資料、代理権の取得にかかる許可書類、社印・責任者印の押印した書類などを審査する。
・事業部門による審査――関連担当者による現場での立ち入り調査（あるいは信頼性のある代替手法による審査）。製造能力に関する審査、品質規定に関する確認、合意条件の訂正がポイントとなる。
・財務審査――サプライヤーの資本金が当社の関連規定を満たしているか、さらに財務能力や与信枠などに関する信用調査を行う。
・法務による契約審査――契約書にサプライヤーへの立ち入り検査、支払い中止、違約金支払いなどシャープ側の権益を保護する措置の条項を入れておく。

シャープがサプライヤーにＡＶＬの資格を与えた後も、定期的にその条件から逸脱していないかチェックを行うことにした。また、シャープ側の担当者が組織改革や人事異動で交代する際には、新しい担当者がサプライヤーの提出している資料が正確か否かを改めて確認する仕組みとした。

「罪庫」の管理を厳しく

シャープが3500億円もの偶発債務のリスクを抱えた原因の1つには、長期間にわたり出荷されない余剰在庫を大量に抱えていたことがある。私は構造改革において、在庫管理の精度を上げることにも注意を払った。

シャープの社長に就任する直前、私は大阪に滞在していた週末に「大阪の台所」と言われる黒門市場を何度か散策したことがある。ある日、市場内の海鮮料理店で昼食をとっていたところ、「罪庫」と書いた紙が貼ってある厨房倉庫が目に入った。

確かに、日本語で「在庫」と「罪庫」の読み方は同じだ。私はこの言語センスに感動し、シャープの在庫管理に応用することを思いついた。新鮮ではなく腐りかけた魚とシャープの余剰在庫は使えないどころか、経営の足を引っ張るという意味では変わりがない。

2016年8月に社長に就任して以降、私は常に各事業部門の在庫管理、特に在庫期間の管理に注意を払うようにした。まずは各事業部門に、シャープの会計処理の原則に従っ

休日には黒門市場など大阪の名所を散策した

て在庫（棚卸資産）の評価損を厳格に計上するよう指示した。棚卸資産の評価損とは、売れ残った商品の価値の低下を損失として計上し、決算に反映させる会計処理を指す。

旧経営陣が評価損の管理を厳格に指示していれば、こんなに巨額の偶発債務のリスクを抱えるはずがなかった。それでもリスク要因が発生したのなら、その事業部門が業績を粉飾していたことを疑わざるを得ない。

シャープの会計処理の原則によれば、在庫期間が90日を超えた商品は四半期ごとに、取得価額の25%の評価損を計上せねばならない。1年後には帳簿上の価値がゼロになる計算だ。この原則にのっとり、私はシャープにおいて在庫期間が90日を超えた余剰在庫を「罪庫」と呼ぶことに決めた。

私はシャープの経営トップを務めた6年近く、幹部が業績の報告に来るたびに、「罪庫」

の発生を抑える重要性について口を酸っぱくして繰り返した。シャープの在庫管理はかなり改善し、在庫のごまかしは撲滅されたはずだ。そして「罪庫」という言葉は現在、シャープの経営管理において一種の共通語として定着している。

拠点の統廃合をどう行うか

構造改革では、拠点の統廃合などによるコスト削減も徹底した。

例えば、シャープは日本を代表する大企業ではあるものの、工場など拠点の数があまりにも多すぎた。

象徴的だったのは、広島県にある半導体工場の運営効率の悪さだ。福山事業所（広島県福山市）が本拠地、三原事業所（広島県三原市）が分工場という位置付けで発光ダイオード（LED）や半導体レーザーを生産してきた。

私は社長就任の直後から、日本全国の主要拠点を行脚したのだが、福山・三原では工場の敷地内に奈良ナンバーの自家用車がたくさん駐車していることに気が付いた。理由を聞くと、天理事業所（奈良県天理市）にいた社員が「ジョブローテーション」などの名目で大量に単身赴任してきたからだという。電子部品関連の事業の集約により、奈良に居住・勤務していた社員を大量に福山に異動させたのだそうだ。

ただ実態としては、人事異動の名を借りて余剰人員を福山・三原に移していた側面があったのではないか。しかも、単身赴任手当などが上積みされ、個人レベルでは実質的に処遇が改善された社員も多かったように感じる。拠点統廃合の目的からすると、本末転倒と言える事象だろう。

当然の結果として、福山・三原のコスト競争力は低下し、半導体事業も赤字に転落していた。福山事業所は空きスペースが増えてしまっていたので、私は2017年6月に三原事業所を閉鎖し、機能を福山に集約した。

閉鎖に伴う社員のレイオフや通勤難などの問題は起きなかった。

福山と三原がJRの在来線で30分ほどの近さだったことだけが理由ではない。単身赴任者は三原で借りていた家を解約し、福山で借り直せばいい。あるいは転勤で奈良に戻して、家族と一緒に暮らせるようにすればいい。私が人事制度改革にローテーション制度や単身赴任の原則廃止を盛り込んだことには、同様の事態が起こることを防ぐ狙いがあった。

広島県の工場に奈良ナンバーの車が大量に停まっている不自然さは、現地に行けばすぐに目に入る。この状況が放置されていたことは、シャープの旧経営陣が現場を見ずに経営を指揮していたことの証しだろう。日本の大企業の社長の多くは東京や大阪の豪華なビルの高層階で執務しているが、これで経営の細かい実態がどこまでわかるのだろう。上がってくる報告書のみを頼りに指示しているだけではないか。

シャープが本社を堺事業所の事務棟に移したことは前述したが、東京支社の機能を持つ拠点の東京ビル（東京・港）も高層階にあった社長の個室をなくした。それ以外の無駄なスペースも整理し、12フロアあったオフィスを3フロアまで減らした。

一方で、首都圏の拠点としては、自社で保有しているシャープ幕張ビル（千葉市）を効果的に活用することにした。東京湾の景観は確かに美しいが、社長がそれを毎日眺めても全く経営の役には立たない。オフィスの賃料を削減する方がはるかに重要だ。

高コスト体質を変える

堺本社の事務棟でも無駄を省く工夫をした。

1階の正面入り口の横にある「多目的ホール」が代表例だ。私が社長に就任した時点では、そこは建屋の1階角をくり抜いたような車寄せだった。もともとは太陽電池工場の事務棟だったのに、なぜ豪華な車寄せが必要なのか。経緯を聞いてみると、かつての社内の権力闘争の過程において、太陽電池事業を担当していた役員が権勢を誇示するために造らせたらしい。

車寄せで下車すると、担当役員の執務室がある2階までエスカレーターで上がれるようになっていた。さすがにエスカレーターは私の就任前から封印されていたが、いずれも経営の役に立たないどころか、コストアップ要因でしかない。

私はシャープが２０１６年6月23日に開いた株主総会を、選任予定役員の立場で傍聴した。鴻海からの出資の受け入れを正式に決めたこの総会で、前任社長である高橋氏が株主から厳しい批判を浴びていたのを記憶している。

一方で、会場が当時本社のあった西田辺でも堺でもなく、大阪市西区の大型会議場であることがとても不思議だった。会場のレンタル料のほか、西田辺や堺からの役員・スタッフの移動などに合計で８００万円もの費用をかけていたらしい。

わずか数時間の株主総会を開くだけなのに、あまりにもったいない出費だった。私は堺本社の事務棟の車寄せ部分に壁を付け、株主総会を開くことができるホールに改装することを思い立った。コスト削減とは別に、私は車寄せ部分をくり抜いたような建屋の風水を調べてみた。案の定、運気が逃げる構造だということが判明した。私は直ちに改装を指示した。

車寄せを改装した多目的ホールでは株主総会も開かれる（2022年9月、撮影者：大岡敦）

180人を収容できる多目的ホールは2017年3月に完成した。その年からは一貫して株主総会をここで開いているほか、決算発表、記者会見、商品の展示会、社内の勉強会など、その他のイベントにもフル活用している。改装には約1億5000万円かかったが、1年で投資を回収できたのではないだろうか。

車寄せに関係するが、シャープは私の社長就任を機に、黒塗りの高級セダンだった社用車をすべてワゴン車に切り替えた。かつては社長・副社長・事業本部長などには専用車を用意していたようだ。

そもそも、鴻海は台湾では経営陣に社用車をつける習慣がなかった。前述した通り、鴻海の経営陣は譲渡制限株式による報酬やその配当で収入を得ており、運転手付きの車を自費で手配している人もいる。私自身は現在に至っても、台湾では自家用車を自分で運転して出勤している。

第7章で述べる通り、鴻海は1988年に中国・深圳に工場進出したが、当時の中国の交通は現地の人々の運転マナーが悪いうえ、道路の整備も不十分なため安全上の問題があった。自分で運転すると危険だったので、経営陣が仕事で移動する際には、社有のワゴン車に乗ることを社内ルールとした。最近は中国の交通も比較的安全になったので、自分で運転することを部分的に許可している。

もちろん、シャープの社用車をワゴンに切り替えたのは、日本の交通に安全上の問題があるからではない。コストの問題だ。日本では社用車がつくことが経営者としての栄誉の1つであり、身分や地位を代表していると考える習慣が残っている。これはおかしい。社用車は本来、交通手段の一種でしかない。1台に6、7人の幹部が同乗すればコストを削減できるうえ、移動中の会話でコミュニケーションを密にする効果もある。

日本より深刻だったのは、中国や東南アジアに派遣していた駐在員の社用車の問題だ。私の社長就任時点で、シャープは200人以上を日本から派遣していたが、1人に1台の社用車がついていた。そもそも、ほとんどの海外駐在員は社内における地位が高いわけではない。海外法人の役員が本社の役員のような待遇を受けることはおかしい。ましてや、会社が経営危機に陥っている状況下であり、私は直ちに廃止を指示した。

海外事業の組織については、現地法人は1カ国・地域に1社を原則とし、日本から派遣する駐在員は厳格に審査する仕組みを導入した。すべての海外出張は本社の社長、つまり私が自ら審査することとし、必要のない日本人社員が海外に滞在している状況を根絶することにした。以前は海外出張が年間180日を超える社員がおり、日本だけでなく海外でも所得税を支払う必要が生じてしまい、それを会社が負担するという無駄なコスト増が起こっていたのだ。

さらに、海外法人は現地採用社員の幹部登用など経営の現地化を加速することにした。現地社員の士気が高まり、彼らが専門性を発揮する余地が広がることになる。日本から社員を派遣する費用も大幅に節約できるので、海外事業の効率は大きく改善することになった。

第4章

悲願の東証1部復帰

特許改革の6つの方針

シャープの構造改革のうち、前章で触れたのは主に旧経営陣が残した負の遺産である高コスト体質にメスを入れる作業だった。本章では、私がいかにシャープの本来持っている強みを生かす経営体制を構築し、２０１７年12月に東証１部復帰を果たしたのかを振り返りたい。２部降格から１年４カ月あまりでの復帰は過去最短のスピード記録だそうだ。

シャープの再生はもちろん、２０１６年８月の鴻海による出資が出発点だ。債務超過の解消など即効性のある効果もあったが、私は事業上の具体的なシナジーは特許・知的財産の管理と物流効率の改善の２つが大きかったと考えている。シャープの特許・物流の管理は鴻海の資源・ノウハウを活用することで、かなり効率が上がったはずだ。

シャープは長らく、先進の技術や特許を保有する会社だとみられてきた。

私が社長として精査したところ、多くの特許を持っているのは事実だが、管理体制が不十分であり、本来獲得できる利益を得ることができなかったり、ビジネス上の攻撃・防御の武器として活用できなかったりという問題を抱えていた。私は特許改革として、以下の６つの方針を打ち出した。

・すべての特許の内容を確認する。特許の出願・維持に関する社内規程を策定して無駄をなくし、全社の特許品質を維持する。シャープにとって価値のない、あるいは利用する見込みのない特許は整理したうえで、他社に売却して利益を上げる。
・事業化を推進する。特許の担当部門と関連の人材を統合し、子会社として独立させたうえで、ビジネスモデルを作って事業化する。
・マネタイズを進める。特許の関連領域において世界と足並みをそろえ、マネタイズを目指す。特許の権益を確保したうえ、利益を生み出す。
・特許の質を向上させる。特許取得を加速することで、先端技術を競争力および収益性の高い優良資産とする。
・グローバル化を進める。シャープグループ内の技術部門の特許を統合し、グローバル市場に向けた総合的な特許戦略を策定・執行する。使用ライセンスを供与している特許の期限や範囲を全面的にチェックし、ライセンス収入で利益を上げるよう努力する。
・特許管理の専門家や特許に詳しい経営者を招へいし、戦略目標を達成する。

シャープは2016年10月、知的財産の管理を目的とする新会社のサイエンビジップ・ジャパン（SBPJ、大阪市）を設立した。上記の6つの方針の1つに掲げた知財子会社であり、シャープの知財担当の社員らが異動して約200人体制で運営を始めた。鴻海グループのノウハウを生かし、シャープの知財や関連人材を有効活用するのが狙いだった。

新会社の経営には、鴻海の法務部門で長年トップを務めた弁護士の周延鵬氏が参画し、2018年からは社長を務めてもらった。周氏は台湾で最も権威ある知財管理の専門家であり、鴻海が深圳・龍華地区で設立した中国事業の運営会社で非常に強力な知財管理チームを育て上げてくれた。

深圳に本社を置く中国通信機器最大手の華為技術（ファーウェイ）が強力な知財チームを擁し、米国とのハイテク摩擦で活躍しているが、これはファーウェイが周氏のチームの半分以上を引き抜いたことが理由の1つだと聞いている。

私は1986年7月に大同から鴻海に転職したが、周氏はその3カ月後に入社してきた。オフィスの机は隣り合わせであり、日本風に言えば同期のような存在だった。とても堅実な仕事ぶりで、鴻海が世界最大のEMSへと成長する過程を400人超の法務チームを率いて支えてくれた。

2016年8月にシャープに移って早々、知財管理の弱さを知り、私は周氏に白羽の矢を立てた。彼は快諾し、SBPJ社長としての月額報酬はわずか1円と、手弁当で私が掲げた特許改革の6つの方針の実現に動いてくれた。周氏は、専門性のある訓練を受けては来たものの、経験が乏しかったＳＢＰＪの社員を鍛えてくれた。

周氏はシャープに数百億円規模の利益をもたらしてくれたはずだ。第3章で触れた研究開発本部による特許のマネタイズも貢献の1つだが、より大きかったのは知財などの法廷闘争を優位に進め、賠償金の支払いリスクを抑えてくれたことだ。

ただ残念なことに、周氏は2021年8月、61歳の若さで病気のため死去してしまった。液晶パネル産業では大手メーカーがお互いに特許使用を認めるクロスライセンス契約が一般的だが、使用の条件や範囲を巡って訴訟に発展することもある。

シャープは2022年3月期決算で、韓国のＬＧディスプレイとの間のクロスライセンス契約に違反があったとして約117億円の特別損失を計上した。私は旧経営陣が2013年に結んだ契約が甘かったことが理由の1つだと思う。そして、周氏が病気のため、この法廷闘争から離脱してしまったことも響いた。

私は周氏の薫陶を受けたＳＢＰＪのスタッフたちが今後、シャープの知財戦略を支えてくれると信じている。

鴻海とのシナジーで実現した物流改革

シャープは2016年10月には、社員80人規模の物流部門を別会社化した。

この子会社は鴻海の物流子会社である香港準時達國際（JUSDA）から出資を受け入れた。社名をシャープジャスダロジスティクス（SJL）、出資比率はJUSDAが51%、シャープが49%とし、社長は鴻海グループで長年、物流部門の責任者を務めていた楊秋瑾JUSDA会長が兼務した。物流部門をJUSDAとの共同運営に移行させ、鴻海グループの物量の活用や情報管理・人員配置の最適化で業務を効率化するのが狙いだった。

シャープは私が社長に就任した2016年8月時点で、中国を中心に数多くの海外工場を展開していた。しかし、通関を含む国際物流が非常に弱かった。第3章で触れた通り、当時の海外工場は社内カンパニーの指揮下にあり、それぞれがトラック便や船便、航空便を手配しており、全社の統一した運営基準が存在しなかった。

同じ業務をバラバラに行っているため、シャープグループ全体でみると物流業務に従事する社員は過剰だった。中国語のできない日本人駐在員が物流業務に関与していることも、工場間のコミュニケーションの障害となっていた。

私は世界最大のEMSである鴻海の物流部門の力を借り、この問題を解決しようと考え

日本GLP、JUSDA、SJLの3社で大阪府堺市に建設中の「GLP SJL 堺」の予定図（2024年1月竣工予定）

た。

シャープは以前から、事業部門の業績を四半期ベースで管理していた。事業部門は毎四半期末、製品を顧客に届けて売り上げ数字を計上する必要があり、担当者は毎年3月、6月、9月、12月の月末は船便の確保で苦労していた。結局は船が入港せず、業績を達成できない例も珍しくなかったそうだ。

しかし、JUSDAは鴻海が使うコンテナがどこにあるかをリアルタイムで把握している。世界の物流大手にとって、鴻海は世界トップ級の得意先である。JUSDAは船便を優先的に手配してもらえるうえ、割安な運賃を享受できる。通関のスピードも速い。

シャープは、私の発案で毎四半期の最終月の半ばから、すべての事業本部長が毎日出席する業績のフォローアップ会議を開くようになった。この会議に、ＪＵＳＤＡから情報を提供してもらうことにした。会議では毎朝8時から30分ほど、事業本部長と幹部社員が原則として、第2章で紹介した戦闘指揮センターにテレビ会議経由を含めて集まり、日次の売上高の状況を報告する。

ＪＵＳＤＡのシステムなら船荷・物流の状況をリアルタイムで把握でき、ある製品を期末までに顧客に届け、売り上げを計上できるか否かをかなり正確に予想できる。いわば、業績を四半期ごとに「指さし確認」しているのだ。売上高を自ら日次で確認することで、事業本部長がさらに緊張感をもって仕事に当たるという効果もあった。

鴻海が出資する直前のシャープは、前述した通り、数百億～千数百億円規模で業績の下方修正を繰り返していた。私は当事者ではなかったので、それが当時の社長の責任だったのか、スタッフの責任だったのか、あるいはシステムの問題だったのかはわからない。少なくとも、私が経営トップを務めた6年近くは「指さし確認」の成果もあり、業績の予想と結果が大きくずれることはなかった。もちろん、物流コスト自体の削減効果も大きかった。

シャープでは従来、他の部門で評価が低い人が物流部門に異動させられる人事が多かったそうだ。しかし、シャープの製品がどんなに魅力的でも、物流部門が弱くては顧客が満足する納期に届かないし、コストも上昇してしまう。

幸いにして、楊氏の指導のおかげでＳＪＬでは物流のプロが育ち、新規採用も軌道に乗ってきた。私はＳＪＬも将来にわたり、物流戦略からシャープを支えてくれると信じている。

「ＳＨＡＲＰ」ブランド使用権を取り戻す

私がシャープを「ＳＨＡＲＰ」ブランド製品の開発・販売を中心とする会社として再生することを目指したのは前述した通りだ。しかし２０１６年４月に鴻海による出資が決まり、経営状況に関する説明を受け始めた際に、私の青写真を台無しにしかねない重大な事実を知らされて驚いた。

巨大なテレビ市場である欧州と北米で、シャープが「ＳＨＡＲＰ」ブランドのテレビを販売できない状態になっていたのだ。経営危機下にあった２０１４年12月に、スロバキアの中堅家電メーカー、ＵＭＣスロバキア社に欧州のテレビ市場における「ＳＨＡＲＰ」ブランドの使用権を供与してしまっていた。

さらに2015年7月には、中国家電大手の海信集団（ハイセンス）に対し、私が2009年に訪れていたメキシコの工場を売却するとともに、北米テレビ市場での「SHARP」や「AQUOS」ブランドの使用権を供与することを発表していた。

ハイセンスは2018年には、東芝からテレビ事業を買収するとともに、日本国内で「REGZA（レグザ）」ブランド、海外で「TOSHIBA」ブランドの使用権を獲得している。日本の有力なテレビブランドを使い、海外市場において優位を得る戦略なのであろう。

私はブランドとは、会社にとっての名字だと思う。

私の名字は「戴」だが、その使用権を軽率に他人に供与していいものだろうか。自分が自分でなくなってしまう。しかも、それらは締結後、使用期間中にシャープ側にライセンス収入が少額しか入らない契約になっていた。

これでは中国の清朝が19世紀以降、西欧列強や日本との戦争に負けるたびに領土を割譲し、賠償金を支払っていたのと同じ状態だ。まるで半植民地であり、シャープが本来持っている強みを発揮できるわけがない。私は何とかして「SHARP」や「AQUOS」ブランドの使用権を取り戻すことを決意した。

鴻海の主力事業であるＥＭＳは他社ブランドの電子機器の製造を代行する業態であり、経営幹部は自社ブランドのビジネスの経験がない。しかし、私は鴻海副総裁だった２０１２年頃から「InFocus（インフォーカス）」というブランドを借りて、液晶テレビ・モニター事業を手がけた経験がある。

インフォーカスはもともと、米国の有力なプロジェクターメーカーだったが、経営が悪化したので鴻海が買収していた。私は中国市場でインフォーカスブランドのテレビ・モニター事業に挑戦し、まずまずの結果を残した。

SHARP
Be Original.
AQUOS

「SHARP」「AQUOS」ブランドの使用権奪回に奔走した

この時期にはテリーさん個人の投資会社がＳＤＰへの出資を終え、鴻海として液晶パネルを大量に入手しやすい状況になっていた。鴻海はＳＤＰ製のパネルを基本的に顧客向け液晶テレビのＯＥＭ（相手先ブランドによる生産）に使ったが、一部をインフォーカスブランド用に回した。私にとってはブランドビジネスを体験し、その重要性を理解するいい機会となった。

その後、シャープの社長職に専念することになり、インフォーカスブランドのテレビ事業は段階的に終了させた。私は鴻海グループ内で最もブランドビジネスに詳しい経営幹部だったと言えるだろう。

ハイセンスとの交渉

テレビ事業における「ＳＨＡＲＰ」ブランドの使用権の買い戻しはＵＭＣから着手した。まずは２０１６年９月、シャープとＵＭＣは資本・業務提携へ向けた協議を始めることで合意し、10月にはＵＭＣがシャープからの液晶パネルの調達を本格化させた。さらに２０１７年２月、シャープは１０４億円を投じ、ＵＭＣの親会社であるＳＵＭＣ社（キプロス）の株式の56・7％を取得した。Ｍ＆ＡによってＵＭＣを孫会社にすることで、欧州テレビ市場におけるブランドの使用権を実質的に買い戻した形となった。

ＳＵＭＣはシャープがリストラの過程で手放した旧ポーランド工場を保有しており、生産面でも欧州での足場を取り戻すことになった。そもそもＵＭＣは会社の規模がシャープより小さく、比較的容易に買い戻しを実現できた。欧州市場を巡っては、トルコの家電大手ベステル社に２０１４年９月、白物家電で「ＳＨＡＲＰ」ブランドの使用権を供与していたが、こちらも交渉の末に一部を取り戻した。

問題はハイセンスだった。

世界最大のテレビ市場である北米で中国メーカーにブランド使用権を供与したのは災害レベルの大失敗だった。使用権の供与は2016年1月1日からの5年間だったが、中国メーカーが日本ブランドを、敬意をもって大切に扱うことは考えにくい。

たとえ将来、ブランドがシャープの手に戻ってきても、ブランド価値が毀損してしまっている恐れがあった。私は2016年8月の社長就任直後から、ハイセンスにブランド使用権の買い戻しを再三求めたが、交渉は難航した。

2017年4月にはハイセンスに書簡を送り、使用権契約の打ち切りを通告したが、反応がない。その後、ハイセンスが契約に反して仕様を落とし、定められた規格に合致しないテレビをシャープのブランドで販売していると判断し、2017年6月に商標使用の差し止めと1億ドル以上の損害賠償を求める訴訟を米カリフォルニア州の裁判所に起こした。

さらに7月には、ハイセンス側が自社ブランドのテレビにシャープの無線LAN（構内情報通信網）関連の特許を無断で使っていたため、損害賠償と製品の製造・販売の永久差し止めを求める訴訟を米ニューヨーク州南部地区の連邦地方裁判所に起こした。8月には同じ特許侵害につき、米国際貿易委員会（ITC）に調査を申し立てた。

こうした法的措置をとっても、問題は2017年12月の東証1部への復帰前には決着しなかった。ただ、2018年に入るとハイセンスの姿勢が軟化し、シャープは2月までに一連の訴訟を取り下げ、2社間での交渉を本格化することになった。

私にはハイセンス側の事情はわからないが、前述した通り、彼らは2018年に東芝のテレビ事業を買収したので、シャープのブランドの重要性が下がったのかもしれない。なかなか条件が折り合わなかったが、2019年5月にようやく合意に達し、シャープは「SHARP」や「AQUOS」ブランドのテレビを米国市場で販売できるようになった。

米国テレビ市場の教訓

しかし残念なことに、私が2022年6月にシャープの会長を退任するまでには、米国のテレビ市場への再参入は実現しなかった。理由の1つは、ハイセンスが2016~18年に米国市場で販売したシャープのブランドのテレビのアフターサービスの問題である。

私はハイセンス製のテレビの品質はシャープ製に及ばないと思う。ただ、米国の一般消費者がその差に気づくとは限らない。シャープが直ちに米国市場に再参入すると、「SHARP」や「AQUOS」のブランドが付いたハイセンス製のテレビを、シャープが修理すべきと考えるかもしれない。従って、いったん間を置き、アフターサービスでの混乱やコスト増を避けるべきだと判断せざるを得なかった。

もう1つの理由は、テレビ用の基本ソフト(OS)の問題だった。シャープは事実上、米国で販売するテレビについて、OSに「アンドロイド」を搭載せざるを得ない状況となっていた。言い換えれば、これはシャープがアンドロイド搭載テレビの普及に貢献するわけであり、私はそれに応じてインセンティブ収入を得ることが当然だと思う。にもかかわらず、シャープの旧経営陣は2016年初め、インセンティブ収入を得られない契約を結んでしまっていた。

アンドロイドはすでにテレビ用OSとして一般的であり、搭載しても他のテレビとの差別化要因にはならない。本来は米アマゾン・ドット・コム、米ロクなどの他のテレビ用OSと比較し、並行して搭載するなど工夫があるべきだ。しかも米国では現在、テレビは「スマートライフ」の入り口になっている。

つまり、テレビはアマゾンの通信販売、ロクの動画配信など、家庭内でネットサービスを享受するためのプラットフォームの一部へと進化しているのだ。テレビメーカーにとっては、自社製品にどのOSを載せるのかが極めて重要な経営判断になっている。

テレビメーカーとしては、米国ではテレビ販売だけでなく、販売後にも収益を得る「販売後利益モデル」を確立せねばならない。サムスン、LG電子の韓国勢や中国TCL、鴻海が出資するビジオなどは米国のコンテンツ会社から、テレビ販売に伴うインセンティブ収入を得られる契約を結んでいる。

結果として、テレビ自体の販売価格を安く抑えられている。つまり、シャープが米国市場でテレビというハードだけを売っていては勝負にならないのだ。

ハイセンスの問題とテレビ用ＯＳの問題は、いずれもシャープの旧経営陣が他社と軽率な契約を交わしたことが起点となっていた。経営判断は短期間で下したのだろうが、解決には数年単位の時間がかかり、あるべき商機を失う機会損失も大きかった。シャープの新たな経営陣・幹部社員にはこの教訓を生かし、判断ミスを極力減らしてもらいたい。

社員のモチベーションをどう高めるか

私は社員に持てる力を最大限に発揮してもらえるよう、モチベーションを高めることも意識した。第3章で触れた通り、社長就任直後には給与カットを取りやめ、成果を挙げた人に大きく報いる信賞必罰の人事評価制度を導入した。

さらに社長メッセージを通じて社員を鼓舞したが、２０１６年11月からは日本全国の事業所を訪問し、一般社員に直接、経営基本方針を説明し、交流する機会を設けるようにした。

心がけたのは社員を勇気づけることだった。

特に2016年の時点では、社員の間で「日本の名門シャープが外資に買収されてしまった」「大規模なリストラが行われるかもしれない」「シャープは結局、倒産してしまうのではないか」といった不安が蔓延していたようだ。私は鴻海にとって出資は買収ではなく、「SHARP」ブランドを持つシャープへの戦略投資だと説明した。私は占領軍の司令官ではなく「皆さんと一緒にシャープを再生するため、社長に就任した」のだと力説した。

私は一般社員の思いを、訪問時の直接の反応のほか、社長メッセージへの反応メール、社長室が定期的に実施した社員アンケートなどを通じて把握するよう努めた。多くの社員が私を外国人だと見なしていないことがわかったり、シャープ再生に賭ける私の気持ちを理解してくれることが実感できたりと、逆に勇気づけられることも多かった。

一方で、新たな人事評価制度は「厳しすぎる」「評価が公平ではない」などの不満が寄せられることもあり、運用の改善を新たな経営課題に位置付けたりもした。

社長メッセージを家族に見せている社員もいた。メッセージに年間で月給1カ月分ほどに減らしていた幹部社員のボーナスを元に戻すと書いたところ、直後にたまたま新幹線の移動で同じ車両になった社員から、「妻がメッセージを読み、文字通り泣いて喜んでいた」

と感謝の言葉をもらったこともあった。

2017年5月には、「勉強会」と呼ぶ幹部社員の社内研修を始めた。シャープにはもともと類似の研修制度があったようだが、経営危機に陥ったために中断していた。2回にわたる希望退職の募集で幹部社員の層がかなり薄くなっていたが、この時期には退職率が目に見えて下がっていた。私はシャープの再生を支える幹部を改めて育成するため、勉強会を再開するよう指示した。

私自身が鴻海の時代から常々、読書で得た仕事上の新しい知識や発想を幹部と共有してきた。勉強会はシャープの幹部に私と同様、「学び続け、自分を成長させ、シャープに貢献する」ことを求めたものだ。

勉強会は1カ月に1、2回、土曜日に開いている。堺本社と事業所をオンラインで結び、幹部社員は自らが所属している事業所に出社して講義を聞く。強制ではないが、毎回数百人が参加してくれている。私も2022年6月の会長退任までは原則として毎回参加した。私が講師を務め、鴻海時代から実践してきた「4象限マトリクス」に基づく経営手法を解説したこともある。この手法については第7章で詳しく紹介したい。

このほか、勉強会では「8K」や「AIoT」などシャープが社運を賭けている技術の最新動向、生産・品質管理の手法、トヨタ自動車や京セラといった他社のビジネスモデルの研究などをテーマとしてきた。内容はちょっとしたビジネススクール並みに充実していると思う。

コロナ禍で開催できない時期があったものの、この勉強会は私の退任後も続いており、2022年11月までに累計で58回開かれた。私が2022年4月に経営のバトンを渡した呉柏勲（ロバート・ウー）CEOを支え、さらにはその後継者にもなる人材がシャープ社内で次々に育ってくることを期待している。もし、本書が今後の勉強会に取り上げられるのであれば、大変光栄に思う。

話が前後するが、私が社長として迎えた初めての決算年度末である2017年3月31日に、シャープは国内のグループ社員約1万9000人に対し、一律3000円を支給した。赤い文字で「感謝のしるし」と記した白い封筒に現金を入れ、各職場で手渡しした。

私はこの日の社長メッセージで「少額ではありますが、一年間共に頑張ってきた職場の仲間との親睦会や、支えてくださったご家族への労いの費用の一部として活用していただきたいと思います」とその意図を説明した。

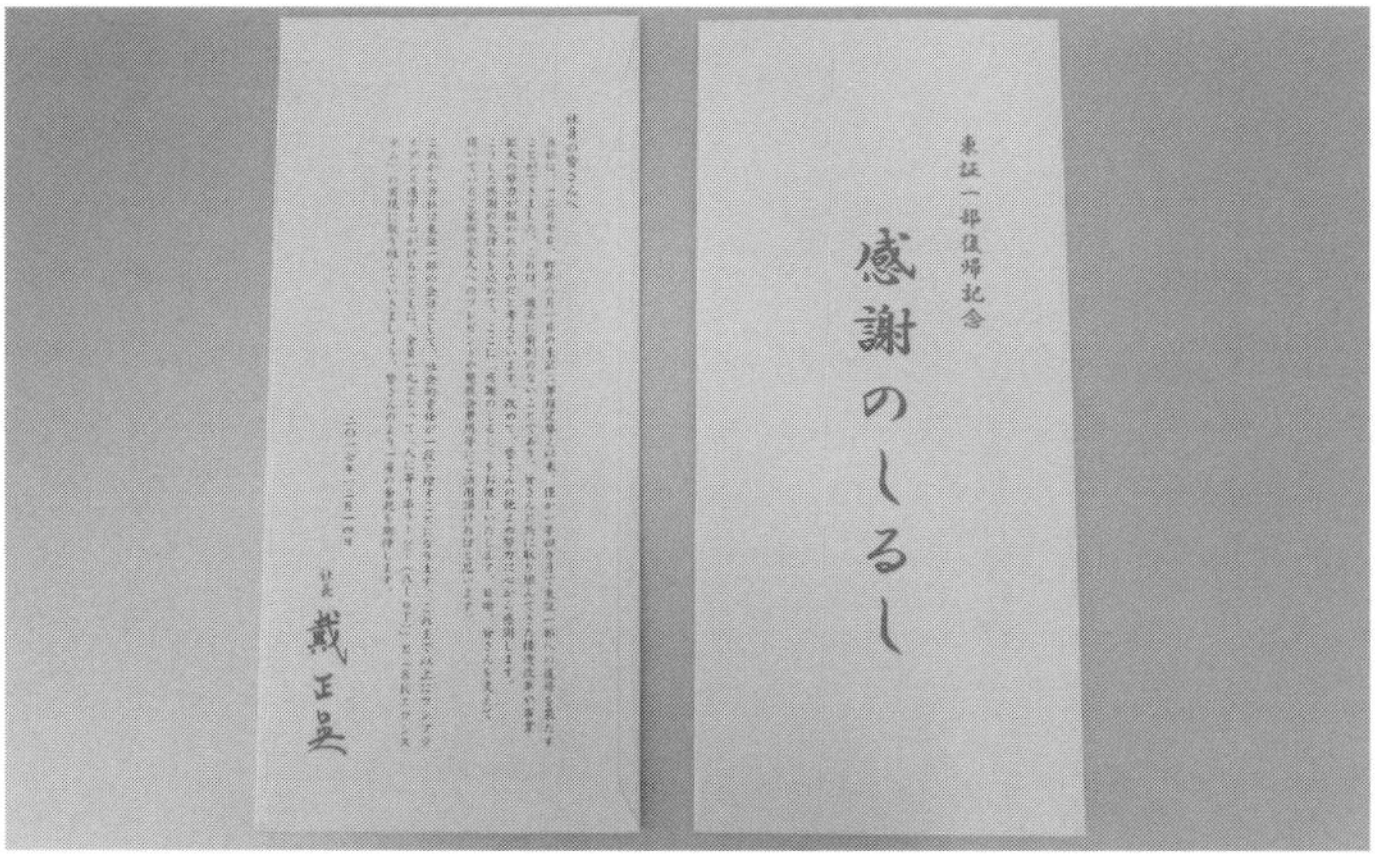

「感謝のしるし」で社員に謝意を伝える（東証1部復帰時）

中華圏には、春節（旧正月）などに経営者が祝儀を赤い紙に包んで従業員に渡す「紅包（ホンバオ）」という習慣がある。私は社長就任からの7カ月で、シャープの構造改革がある程度軌道に乗ってきたと判断し、苦労をかけた社員への感謝の思いを台湾流の習慣で示すことにしたのだ。日本人には新鮮だったらしく、その封筒を記念品として保存している社員もたくさんいると聞いている。

2017年12月に東証1部復帰を果たした直後にも、「感謝のしるし」を配布した。封筒入りの現金2万円のほか、自社製品を購入できる1万円の電子クーポンを支給した。総額で約6億円を社員に還元したことになる。

封筒の裏面には赤い文字で、東証1部復帰について「皆さんと共に取り組んできた構造改革や事業拡大の努力が報われたものだと考えています」とするメッセージを記した。いわば社長メッセージの号外だ。メディアも興味を持って、肯定的に報道してくれた。日本社会にシャープの再生が順調に進んでいることを伝える効果があったと思う。

新たな発想でピンチをチャンスに

シャープ再生におけるステークホルダーの1つであるメディアとの関係にも触れておこう。

鴻海が1991年に台湾証券取引所に上場した後、私は会社として初代の広報責任者に就任した。しかし正直なところ、私はメディアの取材を極力避けるようにしていた。そもそも、鴻海の本業であるEMSは顧客メーカーに対する守秘義務が厳しく、自社の裁量で公表できるニュースが少ない。

さらに、当時の台湾メディアは現在よりも言葉尻をとらえていい加減な記事を書く傾向が強く、私は「便りがないのは良い便り」だと考えていた。

シャープとの提携交渉の過程で、日本メディアが鴻海叩きの報道を繰り広げたのは第1章で触れた通りだ。私は不公平だと思っていたが、一方で日本の記者の熱心な取材ぶりに感心することも多かった。

シャープへの出資を産業革新機構と競っていた時期に、テリーさんが台湾から出張してきたことがあった。JR東京駅付近で商談を済ませ、ワゴン車でテリーさんをホテルに送った後、私は新横浜に持つ日本の自宅に帰ろうとした。その途中でタクシー2台、バイク2台が後を追ってきていることに気が付いた。明らかに記者による追跡だった。そのまま帰ると自宅の場所がばれてしまう。

私は運転手に、JR新横浜駅へと向かうように指示した。新横浜駅の車寄せは自家用車、タクシー、バイクでそれぞれ降車位置が違うことを知っていたからだ。私はワゴン車を降りた後、駅の近くでしばらく時間をつぶし、記者をまいてからタクシーで帰宅した。

シャープの社長に就任して以降は、できる範囲で取材を受けることにした。

早朝の散歩が私の日課であることは第2章で触れたが、記者がそれに気づき、就任直後には早春寮の前で「朝駆け」に来た記者の質問に答えることが新たな日課になった。早い記者は午前5時には寮の玄関に立っており、6時半になると10人以上に増えた日もあった。2018年に誠意館に引っ越してからは、堺本社の事務棟に徒歩で向かう途中、正門の横で記者の質問に応じるパターンになった。

私の就任直後に、ある全国紙が「シャープが複合機事業の売却を検討」という推測記事を書いたことがある。直ちに完全否定のニュースリリースを発表したが、その文面には「Be Original.」や「One SHARP」など新たな取り組みについて意図的に盛り込んだ。

そして3営業日後には、マスコミ向けの事業説明会を開き、複合機事業の将来像だけでなくスマートオフィス・スマートファクトリーの提案や、「Be Original.」のコンセプトについて説明した。新たな発想でマスコミ対応を行うことで、ピンチをチャンスに変えた事例だと思う。

早春寮前で記者の取材を受ける

朝駆けへの対応以外にも、定期的に担当記者との懇親会を開き、丁寧な意思疎通を心がけた。結果として、日本でもシャープの実情をフェアに伝える報道が増えていった。メディアはシャープの再生を側面から支援してくれたと感謝している。

最も重要なステークホルダーである株主との関係も振り返りたい。

第3章で触れた通り、私はシャープが2016

年6月に開いた定時株主総会の時点では選任予定役員だった。株主から低迷する株価、鴻海からの出資条件、止まらない人材流出などへの不満の声が相次ぎ、「シャープはこんなにも信頼を失っているのか」と驚いた記憶がある。なかなか質問が出尽くすに至らず、定時総会は3時間23分と過去最長レベルの長さになった。

私が驚いた理由の1つには、シャープと鴻海の株主総会の雰囲気が全く違ったという点がある。鴻海の総会はいつもお祭りのようなリラックスした雰囲気だ。

鴻海の創業者で、2019年6月まで董事長を務めたテリーさんは台湾を代表するカリスマ経営者であり、話術が巧みだ。もちろん、総会としての法定の手続きは踏むものの、それが終わればテリーさんと個人株主が交流する「ファンの集い」のようになっている。株主優待のプレゼントを渡す抽選会などのイベントも開いている。

私は2017年6月20日に、シャープ社長として初めての株主総会に臨んだ。会場は第3章で紹介した多目的ホールだ。前年の経験があったので、3時間以上の長丁場を覚悟していたのだが、1時間ほどで終わってしまった。正直なところ拍子抜けした。

後述する通り、総会に報告した2017年3月期決算は営業損益が黒字転換するなど、私が進めた構造改革の成果が数字に表れ始めていた。株主からは不満の質問どころか、逆に激励のお言葉をいただいた。私が会長を退任した2022年6月の総会まで、法定の議事は毎年、1時間ほどで穏やかに終わった。

いきなり鴻海流の楽しい総会を実現するのはハードルが高いので、私は代わりに「経営説明会」を開くことにした。正式な株主総会を午前中に終えた後、昼休みを挟み、同じ会場で株主を対象とした説明会を開くのだ。

法律上は非公式な会合なので、毎年とてもリラックスした雰囲気だった。株主から私の趣味に関する質問が出たり、私が演台から降りて行って、出席した株主全員と1人ずつ握手してあいさつをしたりする。定時株主総会は1年に1回しか開かないので、株主の皆様と直接コミュニケーションをとる貴重な機会として活用を心がけた。

「大きな魚ではなく、速く泳ぐ魚を目指せ」

「皆さんの努力が確実に業績につながってきています。心から感謝します」

私は2017年2月27日に発信した社長メッセージで、シャープの社員にこう語りかけた。2月3日に発表した2016年10～12月期決算は連結最終損益が9四半期ぶりに黒字転換していた。

まさに構造改革の成果が数字に表れ始めていた。

4月末に発表した2017年3月期連結決算は最終損益が248億円の赤字だったものの、赤字幅は前の期の約10分の1に縮少した。営業損益は624億円の黒字を達成し、本業で稼ぐ力が明らかに回復していた。

私は鴻海による出資を発表した2016年4月2日の記者会見で、シャープの経営について「2年後の黒字転換が目標だ」と語っていた。テリーさんは4年以内だと話していた。正直に振り返ると、私はこんなにも早く黒字転換できるとは思っていなかった。皮肉っぽく言えば、旧経営陣が私に改善の余地をたくさん残しておいてくれたのだろう。

具体的には、第3章で触れた太陽電池用のシリコン調達を巡る米社との契約見直しが最も業績の改善効果が大きかったのだが、全体の数字は取引先との不公平な契約の是正や社内の無駄なコストの削減を一つひとつ積み重ねた結果だろう。私が魔法を使ったわけでも、奇跡を起こしたわけでもない。

確実に言えるのは、私がこれらの構造改革にスピード感を持って挑戦したことだ。

私は社長就任以降、「シャープは大きな魚ではなく、速く泳ぐ魚を目指せ」と繰り返してきた。シャープが暮らしている電機・IT業界という海では、アップル、サムスン、ファーウェイ、ソニー、そして鴻海などの巨大な魚がうようよ泳いでいる。彼らとまともに体力勝負しては勝ち目が薄い。シャープは潮の流れやエサのありかを敏感に感じ取り、速く泳ぎ続けて生き残っていくしかないと思う。

スピード経営はテリーさんが重視する鴻海の経営哲学の1つでもある。

私はこの手法が日本を代表する大企業であるシャープで通用したことで、さらに自信を深めた。しかし、シャープをけが人に例えれば、2017年3月期は止血が終わった状態でしかない。私はシャープ再生への道を示すため、中期経営計画（中計）を策定することを決めた。

「8KとAIoTで世界を変える」

「構造改革から事業拡大へと転換し、業績をV字回復させる。8KとAIoTで世界を変える」

私は2017年5月26日に開いた中計の発表会見でこう宣言した。

2019年度を最終年度とするこの中計は、売上高と純利益を過去最高だった2007年度の水準に戻すことを数字的な目標に掲げた。事業面では「人に寄り添うIoT」と「8Kエコシステム」を基本戦略とし、白物家電など「スマートホーム」、複合機など「スマートビジネスソリューション」、液晶テレビなど「アドバンスディスプレイシステム」、センサーなど「IoTエレクトロニクスデバイス」という4つのドメインで事業拡大を目指すことにした。

人に寄り添うIoTとは、主な製品分野としてはAIとIoTを組み合わせた機能を持つ白物家電を指している。シャープの白物家電には独自の空気浄化技術「プラズマクラスター」を使ったエアコンや空気清浄機、減塩・脱油効果のある「ヘルシオ」ブランドのオーブンレンジなどがある。特に、日本市場では一定以上のブランド力を維持していた。

しかし、私は2010年代半ばの中国で、シャオミなど現地メーカーが続々とIoT家電を発売していることを目撃していた。ハードの性能を上げるだけでは、シャープの白物家電は遅かれ早かれ、競争力を失っていくと考えた。

実は、シャープは「AIoT」というフレーズについて、2017年3月に日本国内を対象とした商標を出願していた（登録は同年12月）。中計にはこの商標を生かし、クラウド上のAIによってユーザーの暮らしに合った最適な動作を学習する機能などを持つAIoT家電を拡充する方針を盛り込んだ。

つまり、献立のレシピを提案する冷蔵庫、部屋の明るさを検知して自動で就寝モードに移るエアコンなど、AIoTを生かしてユーザーの負担を少しでも減らす高機能家電の売上高比率を高めていく戦略だ。この戦略を推進するため、約1年後の2018年7月には白物家電事業の組織を日本国内と海外に分けた。

国内事業はIoT事業本部と統合した。この戦略は軌道に乗り、シャープが国内で販売しているテレビを含むAIoT家電は22年春時点でネット接続率が約5割となった。国内市場ではパナソニックにも、日立製作所にも、三菱電機にも負けず、白物家電のIoT化で先頭を走っているはずだ。

海外事業には、白物家電全体を担当していた沖津雅浩常務執行役員に専念してもらった。第8章で詳しく述べる通り、シャープは海外の白物家電事業では東南アジア市場を重視する方針を打ち出しており、沖津氏には当面、そちらに全力投球してもらいたいとの思いがあった。沖津氏は2022年6月に副社長に就任し、国内・海外の白物家電のみならずシャープ全体の事業を担当することになった。海外でもシャープのAIoT家電の市場シェアを高めてもらえると期待している。

8Kエコシステムとは、画素数が約3300万と「フルハイビジョン」規格の16倍の解像度を持つ8Kテレビだけを意味しているわけではない。超高精細映像の技術・製品の全般を指している。

歴史を振り返ると、シャープはブラウン管、液晶とあらゆる世代のテレビで開拓者だった。実際に、私の社長就任直後である2016年9月には574億円を投じ、高精細で消費電力が少ない新型ディスプレーである有機ＥＬパネル生産の試作ラインを堺事業所などに設置すると発表した。

高精細の分野にはサムスン、ソニー、ハイセンスなどのライバルがひしめくが、私はシャープの映像技術は依然として世界最先端の競争力を維持していると思う。その他の電機大手との差別化を図る意味でも、シャープはこの分野のフロントランナーであり続けねばならない。中計の方針に沿って、世界初となる８Ｋ対応の液晶テレビとして「ＡＱＵＯＳ８Ｋ」を２０１７年10月、中国市場を皮切りに発売した。

２０２１年12月には、液晶パネルのバックライトとしてミニLEDを使い、高い輝度とコントラスト（明暗の差）を両立させた「ＡＱＵＯＳ ＸＬＥＤ」を日本国内で発売した。

この時期の中計に８Ｋエコシステムを盛り込んだ背景には、日本市場において、２０２０年に開催予定だった東京五輪・パラリンピックで特需が起こることへの期待もあった。

確かに、ＮＨＫが２０１８年末に８Ｋ放送を始めたが、コロナ禍によって東京大会が２０２１年に延期されたことや消費の冷え込みがあり、８Ｋテレビの普及は遅れ気味だ。この点は残念だったと言わざるを得ない。

しかし、社会には必ず超高精細映像に対する需要があるはずだ。私は現時点では市場が十分に大きくなっていないだけだと思う。超高精細を実現するには他にも様々な次世代技

「CES2023」で展示されたシャープの液晶テレビ「AQUOS XLED」

術があり、シャープも製品化の準備を進めている。

シャープは世界最大のテレビ市場である米国に「SHARP」ブランドで再参入する方針を決めているが、高精細は製品差別化の大きな武器になる。つまり、シャープは高精細で他社からベンチマークされる存在であり続けねばならない。

悲願の東証1部復帰、そして次の目標へ

「次の100年の礎を、シャープの新たな歴史を、共に創っていきましょう」

私は2017年6月9日に発信した社長メッセージで、社員に中計を達成するため力を合わせることを呼びかけた。経営破綻もあり

得たシャープに再生への道が見えてきたと感じた社員も多かったと思う。一方で、当面の目標である東証1部への復帰を確実にするため、私は構造改革も継続して指揮した。

例えば、国内の販売・アフターサービス体制の整理・再編だ。子会社3社に分かれていた複合機などオフィス機器、家電の販売、アフターサービスの業務を２０１７年10月、シャープマーケティングジャパンと呼ぶ子会社1社に集約した。

これはまさに「One SHARP」を体現する動きだ。複合機の大口顧客が家電の大量購入を望むことは十分にあり、販売と修理・メンテナンスを一体運営すれば利益率が上がる可能性もある。この会社はうまく機能していると思う。

「２０１６年度の業績に目途が立ったことを受け、今後、東証1部復帰の申請プロセスに入っていきます」

私は２０１７年2月27日に発信した社長メッセージで、東証1部復帰の手続きに入ったことも明言した。復帰には債務超過の解消、流通株比率の上昇、収益基盤の安定性などの条件を満たす必要がある。債務超過は２０１６年8月の鴻海の出資により解消されており、流通株の比率は鴻海が持ち株をごく一部売却すれば上昇する。

問題は安定的に黒字を計上できる収益基盤であり、私はこの社長メッセージを発信する前は1部復帰について「２０１８年度」と公言していた。２０１７年に入って、一連の構造改革や業績回復の施策が軌道に乗り始めたのを確認し、実質的に前倒しした。

シャープは2017年6月30日、東証に1部への市場変更を正式に申請した。2部に降格した企業では、2021年1月に同じ電機大手の東芝が1部復帰で続いたが、そのまま経営破綻したり、買収されたりして上場廃止に至った例が大半を占めてきたようだ。

東証は2017年11月30日、シャープの1部への市場変更を承認し、私は出張先の中国で野村副社長（当時）から報せを受けた。東証から経営方針に関するヒアリングを受けていたので復帰は時間の問題だとわかっていたが、悲願の達成を正式に聞くと、やはりホッとした。

私は2017年12月7日の1部復帰当日、東証内で開かれたセレモニーで打鐘した後、記者会見に臨んだ。会見場では、私にとってのテーマソング「One Way Ticket」を流し、私や野村氏など経営陣5人は「8K」と刺繍された赤いキャップをかぶって入場した。

冒頭で「私は昨年8月、シャープの東証1部復帰を必ず果たすという強い決心、すなわち、今流れている曲『One Way Ticket』と同じような気持ちで日本に来て、シャープの社

東証1部上場復帰（2017年12月7日）

長に就任しました。そして本日、ようやくこの目標を果たすことができました」とあいさつした。当日の夜、日本のニュース番組で、その様子が音楽とともに流れたことを鮮明に覚えている。

会見終了後には、私は会見場の音楽を変え、シークレット・ガーデンの楽曲「You Raise Me Up（ユー・レイズ・ミー・アップ）」*を流してもらった。日本語訳で「あなたは私に力をくれる。だから私は山の頂に立つことができる。あなたは私に力をくれる。だから嵐の海を歩くことができる」という歌詞が、私を支えてくれたシャープの全社員への感謝の意を示すのにふさわしいと考えたからだ。

確かに、私にとって東証1部への復帰は悲願だったが、これでシャープの再生が完了したわけではなかった。

記者会見では後任人事、液晶パネル事業に関する質問が出たが、実は東証からのヒアリングでも同じ問いかけを受けていた。外部の目にも、シャープの再生には避けて通れない経営課題だと映ったのだろう。私は2018年初めから22年6月の会長退任までの間に、これらの問いに一定の答えを出していった。

答えは第8章で詳しく紹介するが、その経営判断には当然ながら、私の個性が反映されている。宜蘭という台湾の田舎に生まれた戴正呉の人格がどのように形成され、大同や鴻海でどんな経験を積んでシャープの再生を指揮するに至ったのか、知りたい方もいるだろう。

シャープの経営に関する私なりの結論を述べる前に、第5章から第7章で私の個人史を振り返ってみたい。

第5章

生い立ちと故郷宜蘭

台湾・宜蘭県に生まれて

台湾北東部に位置する宜蘭県は東に太平洋を望み、残る三方を山に囲まれた蘭陽平野に街が広がっている。住民の多くが豊かな海や肥沃な平地を生かした漁業や農業で生計を立てているのどかな田舎だ。

山地が海岸に迫る独特の地形のため、かつては交通がとても不便だった。台湾最大の都市・台北から宜蘭に行くには海岸線を走る台湾鉄路管理局（台鉄、国鉄に相当）で3時間がかりだったが、2006年に山地を貫く「雪山トンネル」が開通し、高速道路を走れば1時間ほどで着くようになった。

台北から車や列車で山地を抜け、宜蘭県最北端の頭城鎮に入ると、視界には太平洋に浮かぶ亀山島が飛び込んでくる。面積が3平方kmに満たない小さな火山島であり、東方の沖合約10kmに位置している。

1970年代後半に無人島となり、現在は火山性の地形を楽しむ観光や周辺の海でのホエールウォッチングが人気を呼んでいる。地元民にとって、亀山島は宜蘭のランドマークであり、私は帰郷の際にその島影を見るたび「もうすぐ家に帰れるな」という安心感に包まれる。

私の実家は頭城鎮の中心部、台鉄・頭城駅の近くにある。

海辺には美しく長い砂浜が広がり、学生時代には同級生らとよく遊びに行ったものだ。海水浴場としても有名であり、夏場には色々なイベントが開かれていた。

今では漁港（烏石港）の整備によって市街地近くにあった砂浜の場所が変わってしまい、防波堤が残るのみである。ただ、新しくできた砂浜の近くには、宜蘭の自然や歴史を紹介する「蘭陽博物館」や海鮮レストラン、リゾートホテルなどが登場している。

故郷宜蘭県、頭城和平老街の慶元宮

また、宜蘭の地元民の多くがルーツを持つ閩南（中国福建省南部）風の、あるいは日本統治時代の建築物が残る「頭城和平老街」は近年、レトロな雰囲気の観光地として注目を集めている。

和平老街には多くの閩南風の建築物が残っている。

その典型例の1つで私と縁が深いの

が「慶元宮」と呼ばれる媽祖廟《まそ》である。

媽祖とは航海・漁業の守護神として中国南部の沿海部を中心に信仰を集める道教の女神のことで、廟とは寺院を指す。慶元宮は和平老街の住民の信仰の中心であり、春節など中華圏の節句のたびに日本でいう縁日のような行事が頻繁に開かれる。

閩南の伝統文化と関係ある出し物も多く、私が小学6年生の頃には人形劇の「布袋劇」が大流行した。私も夢中になったのだが、中学受験の何日か前にこっそり観に行ったのを父親に見つかってしまい、こんこんと説教された記憶がある。

幸いにして、私は宜蘭で最も名門である宜蘭中学（宜中）に合格したのだが、入学後も布袋劇通いはやめなかった。たとえ定期テストの期間中でも、布袋劇があるなら自転車を飛ばし、親友たちと一緒に欠かさず観に行った。中学・高校の成績が常にトップクラスだったわけではなく、大学受験で浪人してしまった原因の1つかもしれない。

私が夢中になった布袋劇には忠孝仁義の物語、詩歌による対話などの中華圏の伝統文化のほか、台湾の土着文化や当時の流行歌を取り込む柔軟さがあった。カラオケの歌い方、俗語に関する知識など、社会人としての人付き合いの役に立つ知識も、この布袋劇を通して身につけることができたと思う。

かつて和平老街では、春節から15日目の祭日である元宵節に、龍が玉を追いかける様子を模した中華圏の伝統的な踊り「龍舞《りゅうまい》」のイベントがあった。私が中学に入学した頃になくなったのだが、親友たちとともに1964年の元宵節に、道端に放置されていた草縄や竹製の農具・籠を材料に龍を作り、「少年龍舞」を披露したことがある。

和平老街はかなりの盛り上がりをみせた。少年龍舞はその12年後に途絶えてしまったのだが、私と地元の親友たちは2015年から少年龍舞の復活の支援に取り組み、軌道に乗りつつある。

和平老街には、南端に「南門福徳廟」、北端に「北門福徳廟」と呼ばれる寺院も残っている。いずれも、地元民が商売繁盛や家内安全を祈願する土地公を祭っており、私は節句のイベントがとても楽しみだった。

第2章で触れた通り、私は鴻海時代もシャープに移ってからも、工場・事業所の敷地内にある寺院・神社への参拝を毎朝欠かさない。振り返ってみれば、私が神様への感謝を怠らないのは幼い頃からの習慣なのだろう。

私の実家も和平老街の一角にある。

19世紀半ばに福建省南部の漳州から移住してきた私の祖先はそこに居を構え、1966年には私の母が実家から引き継いだ資産などを元手にリフォームを行った。

私はその家で生まれ、台北の大同工学院（1999年に大同大学へと改名）に進学するまで暮らした。第1章で紹介したシャープ製のラジカセはその実家に保管してある。

さすがに、今では老朽化して住むことはできない。しかし、第2章で触れた通り、私にとって実家は私という人間と祖先をつなぐ象徴なので、絶対に売るつもりはない。代わりに、近所に引退後の住まいとして新しい家を建て、現在は休日に家族が集う団らんの場となっている。

それとは別に、実家と新居のそばの開蘭路という通り沿いに「開蘭工作室」と呼ぶ個人オフィスを購入済みだ。宜蘭で今後、地元の付き合いや簡単な仕事を行う際の拠点にしようと思っている。

幸福な幼少時代

私は1951年9月3日、宜蘭・頭城で父親の戴来發、母親の戴呉素娥のもと、5人きょうだいの2番目の子供として生まれた。きょうだいは兄が1人、弟が1人、妹が2人という構成であり、私は次男だった。父も母も台湾海峡を挟んで対岸にある中国の福建省漳州にルーツがある。

台湾の住民は人数が多い順に、第二次世界大戦以前に主に福建省から移住してきた本省人（福佬人ともいう）、戦後に中国での国共内戦に敗れた国民党政権（中華民国政府）とともに台湾に移った外省人、同じく中国から移った漢民族だが独自の言語・文化を持つ客家人、マレー・ポリネシア系の先住民の4つのグループに大別できる。この分類では、私は本省人に属することになる。

1988年以降、私は鴻海が中国・深圳に持つ拠点に常駐する期間が増えたのだが、2009年に連休が取れたので、初めて福建省に旅行してみることにした。高速道路を走って福建省を代表する観光地のアモイに向かう途中、漳州南部の漳浦という標識が見えたので、運転手に頼んで街に下りてもらった。

ちょうどお昼時だったので食事処に入ったところ、店員の話す閩南語（閩南地方の中国語方言）の訛りが私の故郷の宜蘭県頭城の訛りと全く同じだった。

提供される食べ物もそっくりそのままだ。私は非常に驚くとともに、まるで宜蘭に帰郷したかのような錯覚を抱き、自分のルーツへの関心を深めた。60歳を過ぎてからは、祖先に関する資料を調べるとともに、福建省でのルーツ探しの旅を続けている。

2018年には、「戴」という名字の人が多い漳浦の東坂村を訪れた。カキなどの養殖業を営む人が多い漁村だった。祖先を祭る廟や赤レンガづくりの民家はまさに閩南風であり、

故郷宜蘭・和平老街の閩南風建築

私が生まれ育った頭城の慶元宮一帯の雰囲気にそっくりだ。確証はないが、私は十中八九、祖先が東坂村の出身だろうと思っている。

両親の話に戻ろう。

まずは私たちきょうだい5人を育ててくれた母のことから回顧したい。

母はやさしさ、つつましさという伝統的な美徳を身につけた女性だったと思う。母は毎日、一家のために朝昼晩の三食を用意してくれるのだが、当時はガスコンロなど普及していない。兄と私は幼い頃、母がかまどに火を起こすのを手伝い、調理している最中も薪や木炭をくべて火の勢いを保つのが習慣だった。

お手伝いにはちょっとしたお駄賃があった。米を炊いた後にできる「おこげ」を食べさせてもらえるのだ。アツアツのおこげをお椀に盛り、塩を振ったり、砂糖をかけたりして食べる。幼い私にとって、最高のおやつだった。

それとは別に、母は夕食の前に子供にだけ先にご飯を一杯よそってくれた。これに料理で出てきた肉くずを盛り、醤油とラードを少したらし、さらに目玉焼きをのせると私の大好物が完成した。

夕食後には、母が野菜をゆでた後の薄緑色のお湯を使って足を洗うのが楽しみだった。このお湯で足を洗うと、気持ちよくて思わず声が出るほどだった。一日の中で最も清潔で、最も幸せな時間だった。

ほかにも思い出がたくさんある。

我が家は裏庭でニワトリやアヒル、犬やウサギを飼っていた。

ある日の夜明け前、母は裏庭に人間の指のような形の赤い物体がいくつも落ちていることに気が付いた。驚いてよく観察したところ、母はそれが子供の喜ぶものだとわかったらしい。ウサギの赤ちゃんだった。

夜が明けると、母は私たちきょうだいを呼んで観察させてくれた。生まれたてのウサギを見るのは初めてだったが、あんなに小さいとは知らなかった。

このウサギはその後、親戚や友人に引き取ってもらうことになった。母が商売を始めることになり、世話をする余裕がなくなったのだ。ウサギがまた赤ちゃんを産み、さらに増えてしまっては手に負えない。兄と私は泣く泣く、ウサギたちとお別れした。

母が商売を始めたのは1963年で、私が小学6年生のときだった。コツコツとためたお金で開蘭路に店舗を買い、氷菓店を開いた。

後述する通り、父は台鉄の職員として安定した収入を得ており、一家が食べていく分には全く問題がなかった。しかし、きょうだい5人全員を大学に通わせるにはかなりの学費が必要になる。母は転ばぬ先の杖の発想で商売を始め、子供の教育費を確保しようとしたのだ。

氷菓店は頭城ではなかなかの人気店となった。各種のかき氷や果物は当然として、果物の砂糖漬け、ビスケット、進物用のお菓子、パンなどを取り扱った。

母の氷菓店で商売の基礎を学ぶ

母は人当たりがよく、人の顔を覚えるのが得意で、これを商売に生かしていた。私はそのコツを教えてもらったことがあり、のちにビジネスパーソンとしての社内外での付き合いで大いに役に立った。

私が中学に入る前には、母はまるで回転するコマのような忙しさだった。毎日、家族に

母（戴呉素娥）、父（戴来發）のもと、5人きょうだいの次男として生まれた

朝食を食べさせて送り出し、自分はその後に列車で買い出しに行き、開蘭路の氷菓店に戻って経営を切り盛りする。朝から晩まで息をつく暇もないようだった。

私は中学生になると、母の商売を手伝えるようになった。

平日の放課後、台鉄の宜蘭駅近くのパン工場に立ち寄り、焼き立てのパンを仕入れることが私の重要な任務となった。母の氷菓店まで持って帰っても、パンはアツアツでやわらかいままだ。お客さんに大好評であり、特に林さんというお医者さんは大のお得意さんだった。パンは毎日、あっという間に売り切れた。

毎週土曜は半ドンなので、私は放課後には

ちょっと遠出し、果物の砂糖漬けやビスケットを仕入れて氷菓店に帰った。実家は狭かったので、兄と私は母が商売を始めて以降、夜は店舗で寝るようになった。

弟と妹が一緒に寝るため店舗に押しかけてくることもあった。お目当ては店のお菓子だった。甘い砂糖漬けやビスケットを好きなだけ食べながら、きょうだい5人で一緒に過ごした夜は本当に楽しかった。

一方で、私はこの時期に商売の基礎知識を身につけた。特に、販売と値決めについての知識は、社会に出て企業の経営・管理に当たる際の基礎になったと思う。例えば、果物は腐りやすいので、新鮮さがとても重要だ。つまり保存がきかないので、近場で仕入れて売る方がよい。幸いにして、母の店では頭城で果物を仕入れ、頭城のお客さんに売ることができた。果物の売値は、仕入れ値が30～50%となるように定めた。

パンは毎日、お客さんが一番多い夕方に仕入れてくるので、売れ残りがない。仕入れ値が60%になるように売値を決めた。砂糖漬けやビスケットは保存期間の制約が少ないので、仕入れ値が70%になるように売価を決めた。店舗で寝ていた兄と私は毎日帳簿をつけて母に報告しており、自然と氷菓店の損益の状況を理解するようになっていた。

中国語には「好景不長（よいことは長続きしない）」ということわざがある。我が家はその実例になってしまった。私が高校2年生だった1967年、母が脳卒中で倒れたのだ。せっかく好調だった氷菓店だが、残念ながら閉店せざるを得ない状況となった。

母は倒れた後、宜蘭で最も大きな総合病院に運ばれ、幸いにして一命はとりとめた。ただ、当時の台湾には公的な健康保険制度がなく、高額の入院費は我が家の家計にとって大きな負担となった。

負担を減らすため、母は病状が少し安定した後は、いったん総合病院の近くにあった親戚の家でお世話になった。さらにそのあとで実家に戻り、近所の医師に面倒を見てもらうことになった。

母の闘病は7年にわたった。

氷菓店による収入がなくなったところで高額の医療費、さらにはきょうだい5人の高校・大学の学費が重なり、我が家の蓄えは少しずつ減っていった。5人で話し合った末、一番目の妹には大学進学を諦め、家事の切り盛りに専念してもらうことになった。その他のきょうだいは自助努力や節約に努め、何とか大学を卒業して自立することができた。

母は闘病中に、ある秘密を私に打ち明けてくれたことがある。

ある日、実家の前でご近所さんと井戸端会議をしていたところ、占い師が通りかかったらしい。占い師はなぜか母を指さし、占ってやると言い出した。母は当然断ったのだが、占い師は去り際に「あなたの家の次男はたくさんの恩人と出会う運命にあり、金運もいい」と言い残したのだそうだ。

母は当時、占い師の言葉を信じる気にならず、たとえその運命が天の意思であっても私に伝えるべき話ではないと思い、ずっと黙っていたのだという。

今になって振り返ると、確かに占い師の言葉の通りになった。

もしかすると、母はいつも遊びまわっていた私が、大学生になってから真面目に努力するようになったので、作り話で私をさらに鼓舞したのかもしれない。いずれにせよ、私はこの母との会話の後、「天は自ら助くる者を助く」を信念として、一段と努力するようになった。

自ら努力してこそ、恩人から助けを仰ぐ機会が生まれる。私は現在に至るまで、選択を迫られたときには他人の意見や助けを大切にするようにしている。

母は1974年、私が大学を卒業した直後に数え年48歳の若さで亡くなった。

我が家にとっては扇の要を失ったようなものだった。母の無尽蔵の愛と温かさ、意志の強さと人当たりの良さは私の人生に大きな影響を与えた。

死去から50年近くの月日が過ぎたが、私は毎年5月の母の日が来るたびに、食事作りや氷菓店の経営を手伝った少年時代を思い出し、母を懐かしんでいる。

父の思い出

父は祖父から二代続けて台鉄の職員を務めていた。

祖父は当初、遠洋漁業の拠点となっている宜蘭南部の大きな港町、蘇澳のセメント工場に勤めていたようだ。その流れで台鉄の前身組織の公務部門に移り、臨時雇い扱いの工員として働くことになった。父も教育水準が高いとはいえず、16歳だった1940年に臨時工として台鉄の前身組織に入った。

台湾は当時、日本が植民地として統治しており、鉄道も日本人が管理していた。

「臨時工だった頃、仕事でちょっとミスしたら、頭城駅にいた日本人の責任者に罵られ、ビンタまで食らった」

父はよく、こんな過去を話していた。父はこの屈辱をバネに一念発起し、台鉄の正規採用の試験を受けることを決意した。仕事が終わった後に必死に勉強し、車掌としての正規採用を勝ち取ったそうだ。

「お前のおじいちゃんは台鉄の臨時工だったから、工員用の黒い足袋をはいていた。でも、俺は革靴を履いているんだぞ」

父はピカピカに磨いた革靴を指さしながら、よくこう話していた。幼い私のために「足袋と革靴の違いは、ブルーカラーとホワイトカラーの違いだ」という解説まで加えてくれた。一生懸命に勉強したおかげで、ブルーカラーである臨時工からホワイトカラーである車掌へと出世できたことを、父は盛んに語っていた。

振り返ってみると、父は私にちゃんと勉強してこそ未来が開けることを伝えたかったのだろう。しかし、まさに遊びたい盛りであり、全く勉強していなかった当時の私には響かなかった。私は父の真意をくみ取ることができず、そのまま遊び惚けて、後述する通り大学受験の失敗という挫折を味わうことになった。

父は真面目な仕事人間だった。

車掌時代には3交代勤務のため、家にいないことが多かった。時刻表の臨時変更で食事を取れないこともあったらしく、気の利く母は父のために弁当を作ることを決めた。父の健康にいいし、食堂で食べるよりお金を節約できる。母と兄と私は交代で、父が車掌として乗務している列車が頭城駅に停車するのに合わせて「愛妻弁当」を届けるようにした。

実家の時計は正確ではなかったので、私は時間に余裕を持って出かけた。列車が遅れて駅で待つこともあった。父は毎回、嬉しそうに愛妻弁当を受け取ってくれた。蘇澳が始発の列車に乗務した日には、漁港で買った新鮮な魚がお土産だった。その日の夜は、一家でおいしい海鮮料理に舌鼓を打った。

父は家族のことも気にかけてくれた。

床屋で使う専用の散髪ばさみを買ってきて、休日には自分の髪で練習をした後、私たち男兄弟の髪を切ってくれた。小学校から高校卒業まで、私の髪の毛はずっと父が切ってくれていた。父が私たちの散髪をしていると、決まって近所に住む同級生が並んで順番待ちを始めた。父は嫌がることもなく、近所の子供たちの髪も切ってあげていた。ご近所さんの家計に少しは貢献したのではないだろうか。

父は車掌の上級職に昇格した後、私が中学生の頃には頭城鎮内にある大渓駅の副駅長へと出世した。副駅長には専用の社宅があった。台鉄の他の社宅と同様、日本風の家屋だった。海岸沿いにある社宅だったので、私は夏休みによく泊まりに行った。自分で海の幸を捕り、父や宿直の同僚たちと一緒に食べたものだ。

頭城は近年、日本風の旧社宅を文化財として保存・開放しており、その参観は私の楽しみの1つになっている。

臨時工から身を立てた父は、台鉄内で上司から仕事ぶりを認められていたようだ。

車掌、副駅長と昇進し、最後は頭城駅の2つ隣にある四城駅の駅長まで務め上げた。そして1980年、約40年の台鉄勤務を終えて退職した。同僚から「功在鉄路（功績は鉄道にあり）」と刻印された記念碑を贈られ、我が家の家宝となった。

ただ、引退が少し早すぎ、つれあいを早くに亡くしたこともあって、晩年に生活のリズムを崩してしまったのは残念だった。

父が台鉄に勤めていたことは、別の意味でも私の人生を変えることになった。

大同工学院へ

私は大学受験で1年浪人した末に、台北市内にある大同工学院に通うことになったのだが、この時期には体調を崩した母が自宅で療養していた。台北に上京すると母となかなか会えなくなるし、下宿代を含む生活費がかさんでしまう。

幸い、父が台鉄に勤めていたことが、この問題を解決してくれた。台鉄には、従業員の家族が列車に無料で乗れる福利制度があった。これを使えば、宜蘭―台北間を無料で行き来できる。

父と相談のうえ、私は平日には台北で暮らして大学に通い、週末は宜蘭に戻ってくる生活パターンを考え出した。大学は当時、土曜を含め週6日の授業があったため、土曜の夕方に帰郷し、日曜の午後に台北に戻る。これなら病床の母に心配をかけることも少ない。週末は実家でゆっくり過ごせるので、台北では質素に暮らしても問題がない。

私は「台北学苑」という学生寮に住むことにした。

10人1部屋という厳しい環境だったが、寮費は一学期あたり390元で済んだ。当時の一般的な下宿代の3分の1という安さだった。学食の夕食メニューは4・5元と5・5元の2種類だったが、私は決まって4・5元の方を選んだ。週末には実家で栄養補給できるので、それで十分だった。

台北学苑は部屋の整理整頓や門限などの規律が厳しく、集団生活は決して楽ではなかった。一般には、台北郊外や地方出身の学生が1人暮らしや大学生活に慣れるため、せいぜい1年単位で暮らす寮という位置付けだった。しかし、私はそこで4年間を過ごした。母が病魔に倒れ、医療費や学費の工面に苦心していた我が家にとって、台鉄と台北学苑の組み合わせはこれ以上ない節約の形だった。

こうして、私は週末に宜蘭―台北を往復する生活を始めたのだが、列車には高美娥という小学校の同級生の女の子と乗り合わせることが多かった。

結論を先に書いてしまうと、のちに彼女は私の生涯の伴侶となった。彼女は台北市内で就職していたのだが、親孝行のために週末は宜蘭に帰っていたのだ。もともと同級生であり、週末に宜蘭と台北を往復するという似た境遇だったので、片道3時間の旅のなかで2

人の会話は弾んだ。

私たちは自然と交際を始め、将来を誓い合うようになった。そして私が大学を卒業し、2年弱の兵役を終え、大同に入社した直後の1976年6月に結婚した。のちに一男一女に恵まれた。

さらには、私の親戚もほとんどが宜蘭の台鉄沿線に住んでいた。私自身が働いたわけではないが、台鉄に食べさせてもらい、生活の場を提供してもらい、仲人まで務めてもらった。台鉄は私にとって、いわば第二の実家のようなものだ。

地元での学生時代

ここからは学生時代を振り返ってみよう。

私は1957年、頭城国民小学（国小）に入学した。台湾の国小は日本の小学校と同じ6年制だが、私には4年生までの記憶がほとんどない。おそらく遊び惚けていた。

印象に残っているのは、林先生が担任だった5年生の愛班（組）のことだ。林先生は師範大学を卒業したての若手だったが、真面目なうえに教え方が上手で、私の潜在力を引き出してくれた。

国小時代で最も誇れることは、5年生の算数の成績だ。日ごろの小テストも定期テストも必ず満点で、林先生は私のことを「算数の覇王」と褒めてくれた。先生は学期末に、賞品として革製のドッジボールを贈ってくれた。私の人生において、初めて勉強でもらった賞品だった。林先生は私にとって恩人の1人だと言える。

5年生の成績が愛班でトップだったからなのか、6年生の上学期では愛班の班長（学級委員）となった（下学期には進学クラスの信班に振り分けられた）。班長とは本来、クラスの秩序を保つ役割だ。しかし、私は先生が何かの用事で授業に遅れてくるときに、教壇に立って率先して騒いだりした。クラスは大いに盛り上がり、私にリーダーシップがあることの証明になった。しかしその後、先生にひどく怒られ、角棒でお尻を叩かれたことは言うまでもない。

国小の卒業式で演台に上がり、皆勤賞をもらったことは今でもよく覚えて

小学校では「算数の覇王」と呼ばれた

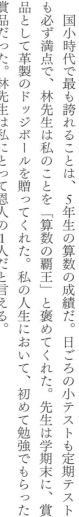

いる。私が学校生活において、公開の場で表彰されたのはこれが最初で最後だった。私は遊びまわってはいたものの、病欠はなかったし、怠けて学校をさぼったこともない。私はこの時点で、真面目に働き続けるという社会人として基本的な生活態度を身につけていたように思う。

中学は前述した通り、運よく名門の宜中に合格した。

宜中は国小のクラス50人のうち上位3人ほどしか受からない難関であり、当時は合格者名をラジオで放送するほどだった。父親の代になって、ようやく読み書きを身につけた戴家としては、画期的な出来事だった。両親がご近所さんから祝福される様子を見て、自分も鼻高々だったことを覚えている。

ただ、さしたる努力もせずに宜中に合格した私は、勉強を甘く見るようになった。落第点を取ることはなかったものの、週末はもちろん、定期テスト前の臨時休暇にも近所の友人と遊び惚けていた。「静かな環境で勉強したい」という名目で、自転車に乗って宜蘭郊外の小さな街や河原、海辺を回ったりした。

というわけで、中学時代の先生や同級生の記憶はほとんどない。

台湾の中学は当時、日本でいう中学・高校が一体運営される例が多かった。宜中にも高校部への進級制度があったものの、私は当然ながら推薦枠には入れない。中学卒業前に進級テストを受ける必要があった。しかし、前述した実家のリフォームがこの時期に行われており、私はそっちを手伝いたくてたまらない。

勉強に身が入らず、テストは「低空飛行」でギリギリの合格だった。

振り返れば、私は当時から、読書に没頭するよりも、自分で手を動かして学ぶことが好きな実務派だったのだろう。

「80対20の法則」

苦労せずに高校にも合格したことで、私はますます勉強を甘く見るようになった。

内容が高度になったのに、ろくに勉強時間を作らないのだから、高校に入って成績はさらに下がった。当時の宜中の高校部は2年生に上がる際に、自然組(理系)と社会組(文系)に分かれる制度だった。私は理数系が得意だったので自然組を選んだのだが、それ以上は深く考えずに1年生の夏休みも遊び続けていた。

自然組を選んだ生徒は夏休みのある日に、登校してクラス分けテストを受ける必要があった。あろうことか、私はそのテストを受けることを忘れてしまった。私は結局、高2で仁班にクラス分けされた。自然組はテストの成績順に忠班、孝班、仁班と分かれていた。要するに、私は落ちこぼれクラスに入れられてしまったのだ。

高校部のテスト対策では、私は常にどうやって効率的に準備し、遊ぶ時間を確保するかを考えていた。例えば、国語のテストでは毎回、古文の暗記問題が出た。暗記の得点配分は20～30点で、残る70～80点分は丁寧に読めば答えられる簡単な問題だった。簡単な部分で高得点を取れば落第はしないので、私は毎回、暗記問題を完全に捨てていた。暗記問題の解答欄を空白にしたままテスト終了を待つことが続き、ついには国語の先生に頭をはたかれたこともある。

ただ、私は今、改めて同じ国語のテストを課されても、暗記問題を捨てると思う。

私はイタリアの経済学者ヴィルフレド・パレートが提唱した統計モデル「80：20の法則（パレートの法則）」を信奉している。世の中のあらゆる事象において、重要なのはそのうち2割に過ぎず、残りの8割は大勢に影響しないとの経験則だ。時間の使い方に置き換えると、2割の時間を使って8割の重要な成果を挙げることを意味する。

私は社会に出てからも、この経験則に沿って仕事の重点を管理し、部下にも同じように時間を有効利用することを求めてきた。暗記問題をどんなに頑張っても、人間には単純ミスが付き物だから、いずれにせよ満点を取るのは難しい。だとすれば他のことに時間を使った方がいい。私は高校生の頃から、こんな合理的な発想をしていたようだ。

囲碁と書道の世界にはまる

では、私が高校時代に夢中になったものは何か。

1つは囲碁だ。私はもともと中国将棋、トランプなどのゲームが好きだったのだが、高校2年生の頃に流行った19路盤の本格的な囲碁にはまった。数学の時間に教室の最後列に座り、こっそり囲碁を研究したのを覚えている。

数学の先生は私の実家の斜め前に住む女性に夢中だったので、私の行動を大目に見てくれたようだ（のちに2人は結婚した）。その時期の授業で教わった順列・組み合わせと確率は定期テストが全くダメで、小学5年生のときにつけた数学への自信は粉々に打ち砕かれた。

大学生になってからは毎日忙しく、囲碁から離れたが、タブレット端末の登場で近年再び状況が変わった。囲碁アプリをダウンロードし、時間つぶしに打っている。特に中国国内の航空便は遅延が日常茶飯事なので、タブレット版の囲碁は私にとって出張のお供と言える。

囲碁は孫子の兵法に似ており、その哲学・思想が凝縮されている。政治、軍事、経済、科学などの知恵が反映されたゲームであり、経営上の判断力を養う効果があると思う。

もう1つは書道だ。私はせっかちで、小学校の授業では早く課題を終わらせて遊びに行くため、適当に字を書いていた。あまりに字が汚すぎて、先生に「読めない」と叱られることも多かった。

ところが、中学受験で字を丁寧に書いてみたら、思わぬ高得点で合格できた。その調子で入学後も兄と書道の練習を続けたところ、めきめきと上達し、家族、先生、同級生から褒められるようになった。

宜中では当時、生徒は中高6年間、書道の授業はもちろん、週報や国語のテストを毛筆で書く決まりがあった。中華文化を継承する狙いだったのだろうが、おかげで私の字はさらに上達した。高齢で老眼が進んだためか、字を丁寧に書くだけで定期テストで高得点をくれる年配の先生もいた。夏・冬休みの書道の宿題もさっさと終わるので、よく同級生から代筆を頼まれたものだ。

字がきれいになると、性格も落ち着いてきた。書道をする机を常に整理整頓するようになり、第3章で触れた「今日できることは今日中に終わらせる」という習慣が身についた。

字がきれいなことは社会に出ても役に立った。

実は鴻海のテリーさんはとても達筆なのだが、私も負けておらず、彼は同僚の前でよく私の報告書を褒めてくれた。テリーさんに対しては、報告書はパソコン作成より手書きの方が決裁は通りやすかった気がする。第2章で触れた通り、鴻海は2012年以降、社内会議で電子ホワイトボードを使っているのだが、幹部連中で私より字が上手な人はいないのではないか。そう自負している。

日本語との出会い

そうは言っても、私は中高6年間をおおむね無為に過ごしてしまい、大学受験に失敗した。

人生で最大の挫折だった。同級生の半数以上は合格しており、ショックは大きかった。私が遊んでいる間にも同級生は受験勉強していたことに、ようやく気が付いた。

私は深く反省し、浪人する覚悟を決めた。ただ、宜蘭には予備校がないうえ、母が闘病生活を送っていたため家計に余裕はない。

そこで、台北にある叔母の家に居候して3カ月だけ市内の予備校に通い、ペースをつかんでからは実家で宅浪することにした。母の末妹であるこの叔母の家には大学入学後も、兵役に就いている頃もよくお邪魔し、ご飯をたらふく食べさせてもらった。彼女も私の恩人の1人と言える。

浪人生活に入ったことで、私の行動姿勢は大きく変わった。自発的に受験勉強に取り組んだだけでなく、将来は実家を離れてどんな人生を歩むかを考え始めた。屈辱的な挫折から自力で立ち直ったことで、私はたとえ逆境に直面しても、なんとか打開策を考えて乗り切る忍耐力が身についたと思う。まさに「失敗は成功の母」だ。

1年後の大学受験では、第7志望だった大同工学院の化学工程（エンジニアリング）学系に合格した。

大同工学院を志望したのは、卒業後にはすぐに就職しようと考えていたからだ。台湾大学、清華大学など台湾の名門大では学生の大半が卒業後、主に米国の大学院に進む。私は実家の経済事情からみて留学は叶わなかったので、就職に有利な大学を中心に志望した。

大同工学院は大同グループが設立母体の私立大であり、当時は授業料も公立大並みに安く、卒業生をそのまま採用する仕組みをとっていた。家族も私が大同工学院に進むことを希望していた。

化学工程を選んだのは、台湾では当時、王永慶氏が創業した石油化学大手の台湾塑膠工業（台湾プラスチック）が人気企業だったからだ。王氏は「台湾の松下幸之助」「経営の神様」と言われた名経営者だったが、一方で就職先としては大同も負けない人気ぶりだった。

現在の台湾に例えると、両社は鴻海や半導体大手の台湾積体電路製造（TSMC）のような存在だった。

こうして私は大同工学院へと進学した。

もちろん主に化学エンジニアリングを学んだのだが、特筆しておきたいのは日本語教育だ。

大同工学院は台湾の「工業の父」と呼ばれた林挺生校長（大同董事長と兼務）の発案で、私が3年生になった年に日本語を必修科目にした。私は将来、日本語が仕事の役に立つと考え、日本人の先生のもとで卒業まで一生懸命勉強した。成績は常にクラスで一番だったと記憶している。

ここで日本語を学んでいなければ、私がのちに大同や鴻海で日本ビジネスを担当することはなく、シャープの社長に就くこともなかった。まさに運命だろう。

それ以前の私は「あいうえお」も全く知らなかった。

大同工学院時代の日本語の先生と

ただ、日本統治時代に教育を受けた両親が実家で日本語の会話をすることがあり、私も基本的な言葉は耳で覚えていた。両親は普段は閩南語をしゃべるのだが、子供に知られたくない秘密はわざと日本語でしゃべっていたのだ。台湾の閩南語には今でも、「オハシ（お箸）」や「セビロ（背広）」など日本語の語彙がそのまま残っている。

ちなみに、父が若い頃に台鉄の日本人上司に罵倒されたことは前述した通りだが、父からそれ以外に日本の話を聞いた記憶はない。近所の大人たちが「日本時代は治安が良かった」と思い出話をしていたのは覚えている。確かに宜蘭は泥棒が少なく、私は小中学生の頃は毎日夜まで遊んでいたものの、どの家にも鍵はかかっていなかった。

台湾でも、特に田舎の出身者は日本に悪い印象を持っていないが、当時の私も同じだった。

大学時代で思い出すのは、やはり台北学苑での生活だ。

10人1部屋の集団生活はルールがとても厳しかった。毎朝、布団や洗面用具、勉強机を整理整頓し、部屋を清潔に保たねばならない。体を洗うお湯は夕方の1時間しか使えない。のちに兵役に就いた際の集団生活と変わらない厳しさだった。部屋の整理ができない学生は次の学期には入居資格を取り消される決まりだった。逆に、整理が行き届いていれば近くの映画館のチケットをもらえる特典があり、同じ頭城出身の友人らと観に行くのが息抜きだった。

台北学苑は門限が夜10時と早かったことも、人気のない理由だった。台北の大学生の間では当時、ダンスパーティーが流行っていた。特に、男子学生ばかりの大同工学院は女子学生と知り合う機会となるパーティーに積極的だった。私も参加したことがあるが、パーティーが長引くと風呂場の窓などからこっそり帰らざるを得ない。学苑の管理人は見て見ぬふりをしてくれたのだと思う。

夜10時には消灯なので、真面目にテスト勉強するのも不便だった。仕方がないので成績のいい同級生の家に転がり込み、一緒に勉強させてもらうこともあった。

大学の卒業アルバムをみると、私は学士帽をかぶった個人写真とクラスの集合写真以外、ほとんど写っていない。毎週末の帰省と台北学苑での生活に時間をとられ、大学では授業を受けるのが精いっぱいであり、課外活動にほとんど参加していなかったからだ。同じ部屋の学生や親友を除いては、実家の経済的な苦境などの身の上話もしていなかった。

私は２００４年に大同大学から「傑出した校友」に選ばれ、２０１６年には名誉博士号を授与された。授与式に何人かの同級生が出席してくれたのを機に、化学工程学系の１９７４年卒業組の同窓生ネットワークができあがった。

私と同様、中国ビジネスで成功した仲間もおり、２０１８年には中国の有名な蒸留酒「茅台（マオタイ）酒」の故郷である貴州省にグループ旅行し、痛飲したこともある。対話アプリ「ＬＩＮＥ」によるグループ交流も盛んだ。

２０２０年には、大同大学の理事への就任を打診され、母校への恩返しだと思って引き受けた。卒業から50年を経て、愛校心がさらに深まっている。

母の死を乗り越えて

私は大同工学院を１９７４年6月に卒業した。

当時の台湾で義務だった2年弱の兵役を2カ月後に控えていた。私はその間、台北郊外の陶器工場でアルバイトをしていたが、入隊が数日後に迫ったところで悲しい知らせが届いた。脳卒中で倒れ、長らく闘病生活を続けていた母が亡くなったのだ。

母は7年間の闘病において、リハビリで歩く程度までしか病状は回復しなかったが、それでも、我が家の変わらぬ大黒柱だった。母は私に成長の場を与えてくれ、人の道を教えてくれた。母は商売のセンスが抜群で、私は中学時代に氷菓店の手伝いを通じてその手法を学んだ。

一生役に立つ商売の知識であり、のちに私が企業経営に当たった際もとても参考になった。感謝してもしきれない。

私が兵役に就いた1974年の台湾は国民党の一党支配体制下にあった。

軍隊は国民党軍の色合いが強く、中国復帰を目指す「大陸反攻」というスローガンを掲げていた時代だ。私は母の葬儀のため、予定より数日遅れて台湾中部・台中市にある基地に入隊した。兵役というと大変そうなイメージだろうが、実は私はすぐに慣れた。理由はいくつかある。

まず、尉官の身分で入隊できたのが大きかった。大学・専門学校卒の人は入隊時のテストで高得点なら尉官待遇になる。大学卒業前に過去問でテスト対策しておいたのが功を奏した。私は最終的には通信部隊の小隊長として30人ほどの部下を管理する立場となり、リーダーシップの勉強になった。台北学苑で集団生活に慣れていたのも有利だった。訓練終了後に配属地を決めるくじ引きで、台北近郊を引き当てた運もある。字がうまいので書類作成で重宝され、中国将棋の相手もできるので上官に気に入られたこともある。そして大学卒業直前に、政治に詳しい友人が私に国民党員になることを強く勧め、入党手続きを済ませておいたことが効いた。中国では現在でも、共産党員でなければ政府機関や国有企業で出世できないが、それと同じ理屈である。

私は今も昔も、政治にあまり関心がない。

宜中の高校部時代に、外省人である担任の先生から国民党に入党するよう求められたことがある。ある日、先生にその件で面談に来るよう指示されたのだが、気乗りしないので保健室で同級生と遊んでいた。すぐにばれて大目玉を食らったのだが、それでも入党はしなかった。

兵役時代に国民党籍があることで助かったのは確かだが、その後は党費を払わず、活動にも一切参加しない幽霊党員となっている。

2018年、シャープで中国での販売を担当することになり、深圳に出張したことがある。当時の宿泊先の隣には、中国陸軍の基地があった。私が早朝の散歩で基地のそばを歩いていると、兵士たちが起床し、朝の体操をしている様子が伝わってきて、なんだか懐かしい気持ちになった。

間違っても台湾海峡で戦争が起こり、彼らの血が流れるような事態にならないことを祈るばかりである。

第6章
大同時代と日本駐在

日本駐在のために猛勉強

1976年8月、兵役を無事に終えた私は大同工学院の同級生とともに、大同に入社した。大同が当時、人気の就職先であったことは前述した通りである。同社製の電気鍋「大同電鍋」は炊飯のほか、蒸す、煮る、温めるなど料理の加熱を一通りこなす万能家電であり、一家に一台あると言われるほど普及していた。

つまり、大同は総合電機メーカーであり、私が専攻した化学に関係する部門は多岐にわたった。

私は3人の同級生とともに、塗料の技術部門に配属された。

ところが、張り切って仕事をしようと思った4人は、今でいうパワーハラスメントに遭ってしまった。直属の上司が、われわれが技術関連の資料を閲覧することなどを妨害するのだ。

大同には当時、大同工学院の卒業生を士官学校のように「第何期生」と呼ぶ習慣があった。その上司は大同工学院卒ではなく、化学専攻でもなかったので、われわれに地位を脅かされると考えたようだ。

これでは仕事にならないので、われわれ4人は数カ月後に一斉に辞職した。これを耳にした大同の林董事長は事態を問題視し、人事課長に４人を復職させるよう指示したのだが、このうち2人は、すでに海外留学を決めてしまっていた。

人事課長はまず新婚の妻を説得したうえで、私には「復職するなら希望の部門を選んでよい」と誠意をもって説明してくれた。私は復職を決意し、大同グループで当時、最も待遇が良かった通信機器メーカーの台湾通信工業を希望した。これもビジネスパーソンとしての人生の分岐点となった。

私が配属された台湾通信の購買部門は当時、技術導入元である日本のNECから日本製の部品・資材を一括購入していた。しかし、大同が日本のサプライヤーから直接購入した方がコスト削減の余地が大きくなるため、日本法人に購買担当者を置く計画を進めていた。私が配属された段階で1人の日本駐在が内定していたのだが、もう1人を探す必要があった。

ある朝、私が出社すると、オフィスの廊下の壁に「大同日本法人が駐在員を公募」という告知が貼られていた。しかも購買の担当者が必要なのだという。私は「まさに千載一遇のチャンスだ。大学で日本語を頑張っていた甲斐があった。日本に行けるぞ」と大興奮だった。しかし、よくよく読んでみると、「この分野で1年以上の実務経験が必要」との条件が書かれている。私は一気に落ち込んだ。

当時の私は大同に入社して1年足らずであり、購買の経験は2カ月あまりしかない。大学の専攻は経営学でも、国際貿易でも、日本語でもない。こんな新人が応募するのはさすがに無理だろうと絶望感に打ちひしがれた。

「君の課長さんがOKするなら、公募に応じてもらっていいよ」

わずかな望みをかけ、私を復職させてくれた人事課長に相談に行くと、なんとチャンスをもらうことができた。私は何度も確認した後、慌てて購買部門に戻り、台湾担当の課長と海外担当の課長に事情を説明した。彼らはその場でOKを出してくれた。私の日ごろの働きぶりを認めてくれていたのだろう。

彼らもまた、私の人生の恩人だ。特に人事課長とは縁があり、のちに鴻海の総経理（社長）室に来てもらい、一緒に働くことになった。

公募への応募者資格を得た以上、全力でテストに備えなければならない。日本法人の購買担当者のテストは、①日本語の筆記・口頭試験、そして、②国際貿易実務の2科目だった。やる気や人柄が評価される面接とは違い、とにかく点数を取るしかない。残された時間は1カ月半。私は必死で対策を考えた。

日本語は大学で真面目に勉強していたものの、直近2年間は教科書を開いていない。しかも、口頭試験の経験は全くなく、かなり不安だった。私は公募の手続きを終えた日に早速、台北市内の日本語学校に行き、中級クラスを受講することにした。週4日の夜の授業だった。

中級クラスの先生は日本人女性で、受講生は4人だった。公募に受かるという目標のため、私は授業中には勇気を振り絞って積極的に先生と会話した。本番で口頭試験の面接官と話しているつもりで先生と話した。1カ月半もすると2年間の空白は埋まり、少し落ち着いて日本語の会話ができるようになった。

むしろ、問題は国際貿易実務の方だった。

そもそも、私は化学専攻であり、2カ月強しか在籍していない台湾通信の購買部門では国際貿易実務の基礎の基礎しか学んでいない。頭を悩ませていたところ、新聞で経済部（経済省）国際貿易局が主催する「国際貿易実務講座」の受講者募集の広告を見つけた。受講資格に制限はなく、私は大喜びで申し込んだ。台湾企業の輸出入が急増し、国際貿易の人材が不足している時代であり、私と同じ講座には100人以上が申し込んでいた。

この講座も週4日の夜の授業であった。当時は土曜も出勤日であり分身術も使えないのに、日本語、貿易講座のそれぞれ4日の授業を1週間でどうこなすのか。貿易講座には100人以上の受講者がおり、私のための時間変更などありえない。そこで私は、日本語講座の先生と受講生に、平日夜に2日、残りは土日という時間割に変更してもらえないか頼み込んだ。ありがたいことに、彼らは快諾してくれた。

こうして、仕事以外の時間はすべて勉強という日々が始まった。

このとき初めて、父が台鉄から車掌として正規採用を勝ち取るために必死に勉強したときの心情が理解できたように思う。1カ月半後に控えたテストに向けて、私は浪人時代よりも一生懸命勉強した。人生において、最も物事に集中した時期だと思う。

テストが終わると、合格者リストはすぐに公表された。

私は国際貿易実務の成績はトップで、「ヘッジ取引」に関係する問題だけが不正解だった。試験後に職場に戻って本を読み、上司に教えてもらって理解することができたのだが、のちにビジネスパーソンとしてこの手法をよく使って取引リスクを回避したのだから面白い。

逆に、日本語はギリギリの合格であり、私は2科目の合計で3位だった。応募者は4人だったが、1、2位の人は兵役の問題などで日本に行くことができず、私は運良く繰り上げ合格となった。

合格通知当日、私は大喜びし、まるで自分が世界の中心にいるような気分だった。大学生の頃、同級生が隣で留学準備をしているのが羨ましかったが、我が家は家庭の事情が許さなかった。いつの日か仕事で海外に行ければいいと思っていたが、こんなに早く実現するとは夢のようだった。

日本の経済成長をこの目で見届ける

「廬山は煙雨、浙江は潮、未だ到らざれば千般恨み消せず」

これは宋代の詩人・蘇東坡の作とされる漢詩である。中国の江西省にある廬山は霧雨、浙江省は川を逆流する高潮の景色の素晴らしさが讃えられており、自分も行って見てみたくて仕方がない、といった意味だ。この詩はその後、「眺めてみたが、特に大したことはなかった」という趣旨の内容が続くのだが、やはり私としては、当時の日本の経済成長をこの目で見たいとの思いは強かった。

当時の大同の制度では、出張や海外駐在をする社員は、研修の一環として、林董事長の秘書を4~6週間務める義務があった。さらに、海外駐在者は台湾に帰任してから5年間は退職しないとの書類にサインする必要もあった。しかし、私の場合は公募手続きに時間がかかり、日本法人から早期の着任を催促されていたため、すべて免除された。董事長との面談もなく、慌ただしく赴任準備を進めた。

1977年12月下旬、日本赴任の準備を終えた私は、兵役を終えてから1年2カ月にし

妻は小学校の同級生だった

て、大学の同級生の中では異例の早さで海外行きを果たすことになった。

私は日本に留学に行くつもりで荷物を準備した。妻は大きなトランクを買い、3カ月分の物資を詰めてくれた。衣服のほかに、朝食用の缶詰が入っていた。

出発の日には、妻は私を台北市内の松山空港に見送りに来てくれた。

当時は海外に行く人が珍しく、家族や友人が花束とともに総出で見送るのが習慣だった。しかし、私の見送りに来てくれたのは妻1人だった。私は航空会社のカウンターで荷物を預け、搭乗手続きを終えると妻のもとに戻った。

夫婦2人で励まし合い、しばし別れの言葉を交わしたときの寂しさは一生忘れない。

まるで古代の中国人が官吏登用試験の「科挙」を受けるため、都へと上るような気持ちだった。出国審査の前に妻の方を何度も振り返ったが、通過後は異国での挑戦をする覚悟を決めた。

「男児志在四方（男児たるもの天下に志を持つべきだ）」

私はこんな思いで自らを鼓舞し、搭乗案内のアナウンスを聞いた。

当時の台湾の航空会社は便数が少なく、私が乗ったのは香港のキャセイパシフィック航空の羽田便だった。生まれて初めての飛行機だった。大学時代に読んだ留学ガイド通りに客室乗務員と会話し、わからないことは隣の乗客のまねをした。窓から台北市の全景を眺めていると、飛行機は雲に突入した。

離陸から2、3時間たった頃、大学入学の記念に父からもらった腕時計の時刻を、時差の1時間分調整した。どれも初めての体験だった。

無事に羽田空港に着いたものの、私のような若造には迎えの人は来ない。

私は荷物を受け取り、会社の総務部にもらっていた交通ガイドをもとに、モノレールに乗った。浜松町駅で緑色の国鉄（現ＪＲ）山手線に乗り、途中で黄色の地下鉄銀座線に乗り換え、さらに灰色の地下鉄日比谷線に乗って茅場町駅に着いた。大同日本法人の最寄り駅だった。寒風が吹きすさぶ夕方に見た東京はガラス張りの高層ビルが建ち並び、台北とは別世界だった。

東京は当時、世界で最も先進的な都市の1つであり、日本企業はのちに「ジャパン・アズ・ナンバーワン」と称される絶頂期にあった。私は今後3年間の東京駐在で、それを直接目撃できることに身震いする思いだった。

私は大同工学院時代の恩師でもあった日本法人社長にあいさつした後、同僚に連れられて山手線の高田馬場駅の近くにあるその日の宿泊先に向かった。引退した台湾人医師の自宅に間借りする形だった。

1週間後に、会社が用意した茅場町の寮に移った。日本式の古い平屋であり、父が一時期住んでいた台鉄の社宅に似ていた。畳の部屋や集団生活には慣れていたのだが、問題は日本の寒さだった。私は亜熱帯の台湾北部で生まれ育ったため、冬の寒さを経験したことがない。真冬の夜中に目が覚めてトイレに行くときは、毎回凍え死にそうだった。台湾で兵役に就いていたときより辛かったかもしれない。

「ミスターコスト」誕生

私の日本法人での仕事は、調達と国際貿易から始まった。

化学の技術者からビジネスパーソンへの転身であり、私がのちに台湾で、コスト管理に厳しい「ミスターコスト」と呼ばれるようになる第一歩だったとも言える。当時十数人いた日本法人の社員は皆若かったが、私より1、2年多く経験を積んでいたので、安心して仕事に打ち込むことができた。

当時、日本企業は絶頂期にあったことは前述した通りだ。台湾最大級の民営企業の総帥で、先見の明がある大同の林董事長は、グループの各事業部門が当時の日本の8大総合電機メーカーやその取引先と積極的に協力する戦略を打ち出した。例えば、テレビでは東芝と協力し、他にはオークマやアルプス電気と協力している部門もあった。私が所属する通信機事業の台湾通信はＮＥＣが主な協力先だった。

日本企業との協力を深めた結果、大同が日本で購買する原材料は、テレビ、重電機器の部品から金属、金型、生産設備に至るまで、種類も量もどんどん増えていった。

これらの購買業務は日本法人の十数人が一手に引き受けた。台湾本社の事業部門と日本メーカーとの調整は多忙を極めた。全員が毎日残業して業務に当たり、寮でも一緒の時間

大同日本法人勤務時代の筆者

を過ごし、仕事の実力をめきめきと付けていった。台湾通信の購買は私ともう1人の同僚が担当していた。

台湾通信は当時の通信技術の主流だった「クロスバー交換機」と呼ぶ電話交換機や電話機の技術をNECから導入していた。私と同僚は業務を分担し、NECとの仕事を円滑に進めた。ここで身につけたコスト管理やサプライヤーとの交渉のノウハウは、その後40年あまりの私のビジネスパーソン生活で大きく役に立った。

前述した通り、当時の台湾通信は日本から通信機関連の部品・資材を自力で調達する能力がなく、すべてNEC経由であったことが、コストの上昇要因になっていた。

私は日本法人への着任後、同僚とともに日本のサプライヤーの開拓を始めた。業界団体、新聞報道、企業要覧、展示会などで得た情報を手がかりに、1社ずつ電話をかけて商談のアポをとった。いわゆるローラー作戦だ。1年後にはすべてを自社購買に切り替えることができ、台湾通信のコスト競争力は一気に向上した。

日本法人の十数人は皆、購買や貿易の書類作成などの事務をすべて自力で処理しなければならなかった。助けてくれる秘書はいない。私が鴻海でもシャープでも専任の秘書をつけてこなかったことは第2章で触れた通りだが、このときに身につけた習慣だと言えるだろう。

当時はパソコンもファクスもなく、購買や貿易の事務処理は主に英文タイプライターとテレックスを使っていた。購買では見積依頼から梱包明細まで、すべて自分でデータを入力し、完成させていた。貿易では貨物の通関後、物流会社から船荷証券などの関連書類を受け取り、信用状などの必要書類を自ら準備したうえで、銀行で荷為替手形の決済を行う。これらの事務作業の量は膨大で、残業で対応せざるを得なかった。

その後はタイプライターがパソコンに代替され、私も管理職になったためタイプ打ちの能力は低下した。しかし、貿易実務の経験は私がのちに鴻海やシャープで製品のサプライチェーン（供給網）を管理する際にとても役に立った。

「ミスターコスト」のコスト意識は日本法人での3年間で養われたと言ってよい。

大同の林董事長は「企業の生存は建築物の天井と床板の間の空間によって決まる」が持論だった。天井が高いとは売上高が大きいこと、床板が低いとは原材料と間接費からなるコストが低いことを意味する。言い換えれば、企業の生存は売上高とコストに密接に関係しているということだ。

私は第3章で「開源節流」という中国語の慣用句に触れた。

企業経営ではこのうち、開源（水源を開発する）、つまり売上高を拡大することが優先されがちだ。確かに、売上高は理論上、無限に増やすことできるが、そのために必要な工夫などは不確実性が高く、コントロールが難しい。

一方で、節流（水の流失を抑える）、つまり支出の抑制は目の前で起こる出来事であり、コントロールが比較的容易だ。開源に比べて努力の成果が表れやすい。

私が働いた大同、鴻海、シャープの3社はいずれもパソコンなどのIT機器、エアコンやテレビなどの家電を手がけている。これらの製品はコスト構造が似ており、原材料費が5～9割を占めている。

つまり、全体のコストが購買の巧拙に左右されやすく、特に鴻海が主力とするEMS事業ではその傾向が強い。鴻海では購買の管理という私の専門性が支出の削減で大いに発揮され、コスト競争力を武器にEMSの世界最大手にまで成長することにつながったのだと思う。

購買担当のわれわれ2人の仕事ぶりは台湾通信本社の総経理に高く評価された。3年間の駐在任期が終わる直前に、総経理は大同の林董事長の了解を得て、私を平社員から副課長へと3階級特進させた。日本法人のみんなが祝福してくれた。

私は台湾通信本社の新規事業である半導体部門に異動することが決まった。その準備のため、半導体メーカーの内藤電誠工業が新潟県佐渡島に構える工場に20日間の実習に行くことになった。

厳寒の佐渡で、管理システムの真髄に触れる

1981年1月、私は真冬の佐渡島へと向かった。

東京から列車でいくつものトンネルを抜けて新潟に入り、船に乗り換えた。日本海に浮かぶ佐渡島はとにかく寒かった。私が滞在した宿舎と工場の間は一面の銀世界だった。

宿舎とは古い日本式の旅館であり、部屋には窓からすきま風が入ってきて、私は毎晩ガタガタと震え続けた。電気こたつはあるものの、日本海から吹き込む風はあまりにも寒すぎた。日本着任の直後に入った茅場町の平屋の寮の寒さより、はるかに骨身にしみた。

旅館では、楕円形の木製の浴槽に張られたお湯に、内藤電誠の幹部と2人で向かい合って浸かったこともある。人生で初めての二度とない体験だと思う。

休日には、内藤電誠の幹部が金山の史跡に連れて行ってくれた。佐渡島は古代より流刑地として知られ、江戸時代には過酷な労働で掘り出した金を幕府に献上していたという。私も厳しい条件下で、自分を「艱難汝《かんなんなんじ》を玉にす」と鼓舞して実習していたわけだが、史跡を見学すると、自分も日本式の経営管理と専門知識という金山を掘り当てたような気分になった。

1980年代は日本が最も輝いていた時代であり、自動車、半導体、家電などの産業で「ジャパン・アズ・ナンバーワン」が叫ばれていた。当時は米国のビジネススクールの教授が日本の大企業で日本式の品質管理を学び、帰国して米国の学生に教えていた。

私は佐渡島において、黄金よりも価値のある半導体技術を学ぶことができた。さらには、日本企業の幹部と深く付き合うことで、真の日本式の管理を身につけられたように思う。私と日本の仕事はそれまで、購買と営業に偏っていた。しかし、佐渡島での実習を通じて、私は当時の日本の工場が台湾よりはるかに進んでいることを体感し、日本式管理の緻密さに驚いた。

3年間の駐在を経て、私は日本語に不自由することがなくなり、日本文化も理解していた。私自身が懸命に動いたこともあり、佐渡島で一生分の技と力を注入できたような感覚だった。ここで私は、品質・工程・コストの管理、サプライヤーとの密接な関係、予算・

決算のまとめ方など、日本の優れた管理システムを丸ごと学ぶことができたように思う。

リーダーシップの礎を築く

佐渡島での実習を終え、私は台湾に戻った。

台湾通信の半導体部門の副課長に着任する前に、私は4週間、実習として大同の林董事長の秘書を務めることになった。前述した通り、日本赴任前に経験するはずだったのだが、準備で忙しく免除されていた。短い期間だったが、ここでも一生ものとなる仕事の習慣を身につけられた。

実習では、1週目は内勤担当の秘書に付いて書類の処理や董事長の日程管理を行う。2週目は外勤担当の秘書と一緒に、董事長の外出に同行する。ただし、1週目の実習が不十分だと評価されれば、2週目には進めない。3週目は外勤を続ける。4週目には秘書としての実習経験と、その4週間に読んだ本の内容を報告書にまとめる。これに合格して初めて、新たな職場に着任することができる。

印象深いのは外勤秘書の経験だ。林董事長は大同の総帥であるばかりでなく、国民党の中央常務委員、台北市議会議長を兼務していた。経済界と政界の重要人物であり、ほぼ毎日外出していた。

秘書は毎朝7時に董事長の自宅に到着し、まず決裁済みの書類を整理する。台湾は暑いため、董事長はスーツのズボンをはかずに準備しているのだが、出発時にはあっという間にはいて専用車に乗り込む。実習秘書はもたもたしていると置いて行かれ、路線バスに乗って追いかける羽目になる。

「われわれ自身は繰り返し行っている行動により作られる。したがって、優秀さは行動ではなく習慣によるものだ」

古代ギリシャの哲学者アリストテレスは著書『ニコマコス倫理学』でこう指摘している。わずか4週間の秘書経験だったが、私は偉大な政治家、教育者、経営者が24時間をどのように使い、忙しい中でどのように物事を適切に処理しているかを目の当たりにした。

私は林董事長に心から敬服し、自らにも毎朝7時前の出社を習慣づけることにした。

秘書の実習を終えた私は、台湾通信の半導体部門に副課長として着任した。初めて管理職を務めることになり、私のリーダーシップは大いに鍛えられた。

当時は日本のNEC、日立製作所、東芝などが半導体事業で米国と世界一を競っていた。日本メーカーは供給量確保などのため生産を一部外注することがあり、内藤電誠は日本国内でNECの外注先となっていた。内藤電誠自身もコスト削減のため、台湾子会社の台湾電誠に製造の一部を任せていた。

台湾通信は半導体産業の世界的な成長や大同とNECの密接な関係を考慮し、台湾電誠を買収して半導体事業に参入する計画を発案した。この買収が実現し、私は半導体の製造部門の責任者を任されたのだ。私は初めて、300人以上もの部下を持つことになった。

私には第2章でも触れたように、「生活条件と戦闘条件が一致する者は強い」と「羊に率いられた獅子より、獅子に率いられた羊の方が強い」という2つの管理哲学があった。兵役時代に小隊長を務めた経験も、リーダーシップに役立ったように思う。

大同では林董事長の秘書を務めた

工場の運営管理では佐渡島での経験が生きた。生産計画、在庫調整、予算編成などの手順を事前に定め、軌道に乗せることができた。半導体部門は内藤電誠から3人の日本人顧問を招いており、日本式の経営管理について厳しく指導を受けた。

半導体工場の教訓

私は半導体部門で5年間働いたのだが、リーダーシップと経営管理以外に、コスト管理でも実績を積むことができた。大同の経営理念が「正誠勤倹」であることには第2章で触れたが、その中でも「倹（倹約）」が利益の源泉となっていた。

林董事長は常々、幹部に「1元（台湾ドル）も無駄にするな」と訓示していた。私は外勤秘書としての実習で、その重要性を体感したことがある。

大同は当時、日本人の専門家を招き、生産現場の「カイゼン活動」に取り組んでいた。家電を手がける台北市郊外の板橋工場から適用し、その他の工場に展開する段取りだった。

私はある日、秘書として林董事長の板橋工場の視察に同行した。

工場の会議室では、幹部全員が整列して董事長の到着を待ち構えていて、その会議の重要性が肌で感じられた。そして会議室の壁や机には、家電を分解した後の部品類や分析資料がびっしりと張られていた。この取り組みは「Gemba Project」と呼ばれていた。Gembaとはもちろん、日本語の「現場」に由来している。

幹部らは専門家の指導に従い、董事長に対して製品自体の性能向上のほか、製品を製造しやすいよう設計しておくＤＦＭ（Design for Manufacturing）の進捗を説明していた。私はこの日、コスト競争力を高めるには、製品自体の性能や製造しやすさを向上させるため、設計段階から検討しておく必要があることを理解した。

半導体部門は私が副課長に就いた1年目は黒字転換が目標だった。

当初は半導体そのものの専門知識が不足していたのはもちろんのこと、生産プロセスにも改善の余地があった。特に一部の製造装置は安定した稼働を実現できていなかった。

工場は3交代で24時間稼働していたので、私は自分の通常の仕事が終わった後、現場に入り、技術者とともに設備稼働率、歩留まり、材料の利用率を改善する工夫を続けた。

台湾通信の半導体部門はトランジスタやリニアＩＣを主力製品としていた。半導体製造におけるクリーンルームでの作業には、シリコンウエハーを加工する前工程、検査を行う後工程のほか、ウエハーから切り分けたＩＣチップをリードフレームに載せる「ダイマウント」、ＩＣチップの電極とリードフレームを金属ワイヤーで結ぶ「ボンディング」、樹脂で封止する「モールド・トリム」という3つの重要な工程がある。

このうち、ダイマウント用の機械5台が頻繁に故障し、前後の工程を含む全体の稼働率が下がってしまうのが頭痛の種だった。台湾電誠が赤字続きだったのは、この問題で主力のトランジスタの出荷が滞り、売上高が減少していたためだった。

佐渡島の内藤電誠の工場で同じ機械を見たことがあった。

確かに中古品ではあったが、日本では使えていた。それなのに、なぜ台湾では使い物にならないのか。私は日本語の説明書を探し出し、中国語に翻訳して技術者と3つの対策をとることにした。

まずは1台ずつバラバラに分解し、部分ごとにチェックした。規格通りのサイズなのか、きっちり動作するのかなどを確認し、組み立て直した。

次に、すべての電気回路をチェックし、問題がありそうな部分を調整した。この2つの対策を行うことで機械の能率はかなり改善し、半導体部門の士気は上がった。しかし、NECや内藤電誠が掲げている目標値には到達せず、さらなる努力が必要だった。

3つ目の対策として、製造実験を繰り返して機械をチューニングした。検知器の感度を下げる一方で、規格通りの製品を造り続けられるかなどを確認した。

これらの対策の結果、ついに所定の目標を達成でき、半導体部門全体が興奮に包まれた。

機械の稼働率が大幅に向上すると同時に、材料の利用率や歩留まりも飛躍的に高まり、内藤電誠に負けない水準になった。ダイマウント工程のボトルネックを解消したことで、工場全体として顧客ニーズを満たす生産量を実現できるようになったのだ。

生産量の目標を達成すれば、製造コストは自ずと下がる。

われわれはNECからの製造受託の専業メーカーであり、材料はNECと内藤電誠から購入していた。利益を上げたいなら、内藤電誠より高い設備稼働率、材料の利用率、歩留まりを達成せねばならない。半導体部門は私が副課長に着任してから1年も経たないうちにこれを実現し、黒字転換した。

私は鴻海に転職して以降、責任の範囲が広がり、従業員数が軽く1万人を超える工場を率いたこともある。しかし、私が管理した数々の工場の中で、最も効率が高かったのはこの台湾通信の半導体工場だった。私が初めて管理職を務め、初めてチームを率いて困難を解決し、初めて工場管理の知識を実践に移した場所であるからだ。とても思い出深い経験であり、ビジネスパーソン生活における大きな自信となった。

台湾通信での5年間はとても充実していた。

私は工場自体の生産効率改善だけでなく、日本人の顧問のもと、水道代、電気代などの光熱費、固定資産の減価償却費といった間接費の管理手法も学んだ。損益計算書を細かく分析し、コスト対策を打つ手法も身につけた。

その傍らで、経済的な理由で学校に通えなかった工員に対し、数学や経済を教える社内の夜間学校の先生も務めていた。

気が付くと、私の大同でのビジネスパーソン生活は10年目を迎えようとしていた。

この時期には、大同の成長は頭打ちになりつつあった。例えば、台湾通信はNECから技術導入したクロスバー交換機を主力としていたが、欧米メーカーが開発したデジタル式の交換機への世代交代が進んでいた。業績悪化を半導体事業などでは補いきれず、台湾通信の同僚は次々に大同グループの別の事業部門へと配置転換されていった。

大同グループ全体でみても、成長の鈍化は明らかだった。グループの「士官学校」である大同工学院出身の私は大同に残っても優遇されるだろうが、新しい世界に挑戦したいという思いが強くなってきた。

そこで、半導体部門から海外営業部に籍を移してもらい、日本企業などとの取引を担当しながら職探しをすることにした。ただ、大同では仕事に没頭していたため、外部との付き合いはほとんどない。もちろん転職のコネなど全くなかった。

私はまず、新聞の求人広告を見ることにした。その中に、海外勤務経験がある営業の副部長級を探している会社があった。条件を満たしていたので、文房具屋で一番簡単な履歴書を買って、適当に書いて送ってみた。

すると2、3日後、すぐに面接したいとの通知が届いた。

通知を受け取って初めて、私はその会社が「鴻海精密工業」という社名であることを認識した。社会人として10年近い経験を積んでいたが、全く聞いたことのない会社だった。

第7章

鴻海とともに飛躍

テリーさんとの出会い

1986年6月中旬のある日、私は台湾通信での仕事を終え、面接を受けるため台北市郊外の工業団地にある鴻海の本社に向かった。

その際の私の心境は、愛する大同の業績が下降を始めたことへの残念さ、退職を決意せざるを得なかったやるせなさ、そして将来へ挑戦する前向きな気持ちなどが幾層にも重なり、とても複雑だった。

鴻海は見るからに小さな会社だった。

受け付けを終え、会社の紹介資料に目を通した後に、幹部が工場見学に連れ出してくれた。現場にあった最先端のワイヤカット加工機と放電加工機が私の目を引いた。

ワイヤカット加工機とは極細のワイヤーに電気を流し、金属などを溶かしながら加工する工作機械であり、放電加工機とは電極に電気を流し、その熱により金属を溶かしながら加工する工作機械を指す。

台湾通信は当時、クロスバー交換機や金型を製造するため、ワイヤカット加工機と放電加工機をそれぞれ6台保有していた。台湾通信は大同グループで最も金型を必要とする事業部門の1つであり、ワイヤカット加工機のような先進的な機械を何台も持っているのは当然のことだった。様々な部品の製造に使う金型は「産業のマザーツール」と呼ばれ、工業製品の量産には欠かせない。

「小さな会社なのにこんな高価な機械を導入しているとは、金型技術の開発にとても野心的だな」

大同でのモノ作りの経験を経て、「工業で国に報いる」を信念としていた私は、聞いたことのなかった鴻海という会社に好感を抱いた。工場見学の後に、本社4階にあった総経理の執務室に上がり、テリーさんとの面接に臨んだ。私の人生を大きく変えた恩人との出会いだった。

「会社の紹介資料によると、あなたは董事長だ。なのに、なぜ総経理を名乗っているのか」

私はテリーさんに素朴な質問をぶつけた。

「会社がまだ小さいので、自分には董事長を名乗る資格がない。対外的には董事長兼総経理を名乗ってはいるが、会社の内部では総経理として職権を行使している」

テリーさんはこう答えた。私はこの回答から鴻海という会社の強烈な野心を感じ取った。

テリーさんと私は面接で、日本の技術・市場、大同の組織管理などについて、大いに語り合った。テリーさんと私は生まれ育ちや考え方、さらには体格まで大きく違っている。ところが、初対面なのになぜか話が弾んだ。日本語でいう「馬が合う」関係なのだと思う。

テリーさんは面接の途中なのに、いきなり私に「総経理特別助理として日本ビジネスの責任者を務めてほしい」と採用を告げて来た。日本風にいえば、「社長特別補佐兼日本事業本部長」といったポストだろうか。さらには「中華民国の国旗を背負い、私と一緒に世界各地に旗を立てていこう」と強く誘われた。

1974年に白黒テレビのチャンネル合わせの「つまみ」メーカーとして誕生した鴻海は、1986年時点ではまだ無名の会社だった。私はテリーさんの言葉をやや大げさだと思ったものの、意気に感じ、鴻海への入社を決意した。まるで昨日の出来事のような気がするが、それから36年あまりの月日が流れ、テリーさんの思いは現実のものとなった。鴻海は今や、世界各地でビジネスを展開する有力企業へと成長を遂げた。

入社後に聞いたところ、テリーさんは私が送った履歴書を見て、社内会議で「この人間を必ず採用し、日本ビジネスを担当させる」と面接前に宣言していたそうだ。正式に入社する前の6月下旬の段階で、私のもとには鴻海の顧客である松下電器の担当者の来社日程など、実務的な連絡が入るようになった。

世界最大のコネクターメーカーを目指して

1986年7月1日、私は鴻海に正式に入社した。社員番号は0799だった。鴻海は退職者の社員番号を欠番扱いにするため、当時の実際の社員数は300人強だった。

鴻海はこの時期、会社として2回目となる大量採用を行っており、同じ日に入社した同僚も多かった。年齢こそ違うものの、彼らとは日本でいう同期入社に相当する仲間となった。当時34歳だった私は同期の中で最年長であり、職位も最も高かったため、班長と呼ばれるようになった。鴻海在職中には彼らに色々と助けてもらったものだ。

入社してみると、技術や部品、金型の関連部門の管理職には大同OBが多いことに気が付いた。当然ながら、彼らとの意思疎通はとてもスムーズだった。第6章で触れた通り、大同の新人時代に退社しかけた私を引き留め、日本駐在のチャンスをくれた人事課長も1年後に転職してきた。

当時はまだ小さかった鴻海にとって、台湾最大級の民営企業だった大同は即戦力人材の宝庫だった。第4章で述べたシャープの知財部門の強化に尽力してくれた弁護士の周氏も、3カ月遅れで入社してきた。

同期では、私を含む2人が総経理特別助理として採用されたのだが、もう1人はすぐに退職してしまった。テリーさんは私に対し、その人物が担当していた経営企画部門の責任者も兼務するよう指示した。

日本ビジネスの責任者の仕事は主に2つあった。

1つはプレス加工、成形加工、自動組み立て機などの生産関連の設備を購入することと日本の優秀な技術顧問を雇用し、「技術連携プロジェクトチーム」を立ち上げること。もう1つは当時の鴻海の主力製品だった電子機器用のコネクターや接続ケーブルを日本などの北東アジア市場で販売することだった。

私は約10年間の大同時代の大半で、日本企業と何らかの関係がある業務に従事してきた。私の日本語は決して流暢ではないが、仕事でずっと使ってきた経験がある。正直なところ、鴻海で日本ビジネスを担当するのはそう難しいことではなかった。

日本ビジネスの立ち上げ段階では、1人ですべての仕事をこなしていた。当時の鴻海では、日本語で仕事ができる人材が私1人だったためだ。もともと日本の産業界に詳しかったので、私は技術連携先などを順調に探すことができた。

当時はまさに、パソコンの世界的な普及とともにコネクターの需要が急増していた。鴻海もゲーム機の筐体《きょうたい》に外付けするプラスチックコネクターから、精密端子を内蔵したパソコン用コネクターへと主力商品の転換を進めていた。このため、精密端子の量産に使う金型とプレス加工の技術や設備を日本から急いで導入する必要があった。

鴻海に入社して最初の2年間、私はよく日本に出張した。幹部や技術者から成る前述の

「技術連携プロジェクトチーム」を率いて訪日し、商談の通訳や宿泊先の手配、本社との連絡などの業務に当たった。結果として、鴻海は精密端子用の金型3セットを一気に購入し、次々と舞い込む発注に対応できるようになった。プレス加工技術も問題なく導入できた。技術責任者に大同OBが5人もおり、意思疎通しやすかったこともプラスに働いた。

金型、プレス加工に続き、日本メーカー2社から自動組み立て機も購入した。これら日本発の技術と社内の技術者の努力を組み合わせることで、鴻海は米AMP（現タイコエレクトロニクス）を抜いて世界最大のコネクターメーカーへと発展することになった。

こうして鴻海の日本ビジネスは軌道に乗ったのだが、規模の拡大に伴って私1人の手に余るようになってきた。テリーさんは日本語ができる経済部（経済省）OBをスカウトし、技術連携の業務はその人が引き継ぐことになった。

一方の北東アジア市場の開拓では、松下電器、山一電機などからコネクターなどの製造を受託できるようになった。兼松江商（現兼松）、東京エレクトロンなどの商社経由の販路も築き、ほぼゼロだった日本向けの売上高が増え始めた。1988年のソウル五輪後には、韓国にも営業拠点を新設した。

私はこうして日本ビジネスを軌道に乗せ、仕事の領域を徐々に経営企画の業務にまで広げていった。実態としては日本語でいう「何でも屋」に近く、仕事の幅が大きく広がった。

ざっと振り返ると、テリーさんが理事長ポストを競った金型業界団体の選挙対策、職位・報酬・研修など人事制度の設計、第4章で触れた1991年の台湾証取への上場準備とその後の広報責任者などを経験したことになる。一方で、鴻海はその時期に中国への工場進出を本格化させており、私もそこに駆り出されることになった。

深圳での「海洋廠」の建設

1988年10月1日、私は香港発の船に乗り、北隣に位置する中国の経済特区・深圳の蛇口港に入った。私にとって、人生で初めての中国への入境であり、出張だった。

第5章で触れた歴史的な経緯もあって、中台間では長年、人々の往来が制限されていた。台湾当局が1988年、台湾人の中国行きを解禁すると、鴻海はテリーさんの主導で深圳に「海洋廠」と呼ぶ組み立て工場を設けることになった。

当時の台湾は経済成長に伴って人件費が高騰しており、中国の割安な労働力を生かしてコスト競争力を維持する狙いだった。深圳を中心とする中国の華南地区はのちに世界の工場と呼ばれることになるが、鴻海の工場進出はまさにその最先端を行く動きだった。

海洋廠は深圳市西部・宝安県（現宝安区）西郷地区の工業団地で建屋を借りて整備した。

地元政府の役人は、鴻海グループが土地を購入することを積極的に提案してきたが、テリーさんは断った。当時の鴻海は資金力が十分でなかったこともその理由の1つだが、テリーさんは不動産ビジネスを手がけないことを経営上の信念としている。

鴻海の中国進出からすでに30年以上が経過したが、私が知る限り、テリーさんは中国にほとんど不動産を持っていない。彼は単なる経営者ではなく、まさにハイテク企業の経営者だと思う。

私は海洋廠が10月18日に稼働するのに合わせて出張した。海洋廠の生産品目の一部が松下電器グループから受注したモニター用のケーブル部品だったからだ。

深圳は今でこそ中国を代表するイノベーション都市だが、当時はかなり発展が遅れていた。蛇口港の入境審査では、係員が学校の教卓に似た机でハンコを押していた。中国側も台湾人の受け入れに慣れていないためか、とても厳粛な雰囲気だった。

私はその後も断続的に深圳へと出張する機会があったが、驚かされることも多かった。例えば、国営のレストランは店員の勤務態度がかなりひどく、料理を3回も注文し、30分ほど待たされた挙句に「材料がない」と告げられたこともあった。もちろん、現在の深圳のレストランはサービスが大きく改善し、台湾よりレベルが高いところもある。

宿泊先のホテルの売店で書画を買おうとして、私が台湾人であることに気づいた店主が台湾ドルでの支払いを持ちかけてきたこともあった。当時の中国では、外国通貨を「外貨兌換券」と呼ぶ貨幣に両替する制度があり、台湾ドルもその対象だった。

店長はその制度の存在を知ったうえで、台湾ドルを欲しがったのだ。台湾人の中国旅行は解禁された直後だったのだが、闇市ではすでに台湾ドルが高値で取引されていたのだろう。

製造工程の垂直統合

私は1990年から、深圳で鴻海内部における製造工程の垂直統合に取り組むことになった。テリーさんはこれに先立ち、社内で分散していた精密部品の製造部門を「精密部品事業本部（中国語で精密零件事業処）」として集約し、私を責任者に指名していた。

この部門の担当範囲はプレス加工、成形加工のみならず、パソコン用コネクターの金属端子の「連続部分メッキ」にまで及んでいた。

連続部分メッキとは、まずリール状に巻かれた長さ30メートルほどのコネクターの金属端子全体を錫メッキで覆い、さらに接触部分だけに金メッキを施す作業を指す。メッキ工程の完了後に金属端子を適切な大きさに切断し、コネクターに組み込む。

つまり、この部門は金型製造に不可欠な技術・工程を擁し、さらには金型を使って製造した部品を組み立て工程へと供給する役割を担っていた。逆に言えば、鴻海全体の製造工程のうち、組み立て以外をすべて担当していたことになる。

鴻海は当時、コネクター以外のパソコン部品・モジュール（複合部品）の製造にも事業領域を広げ、受注が急拡大していた。新製品を受注するたびに部品製造用の金型を新たに起こし、速やかに部品自体の供給を始めねばならない。私はまず、台湾でこの精密部品事業本部の運営を軌道に乗せた。プレス加工や成形は技術の難易度が高いため、技術者と試作を繰り返して帰宅が「午前様」になることも日常茶飯事だった。

この時期に、思い出すと腹が立つものの、笑ってしまいもする出来事があった。

ある日、私は残業のため、深夜零時過ぎに車で家路についた。自分で運転しながら、直前に試作した金型の問題点の解決法を考えていたところ、名案をひらめいた。するとその瞬間、前を走っていた小型トラックの荷台から、積み荷の金型が崩れ落ちてきたのだ。

私は慌ててブレーキを踏んだものの、間に合わずに車は金型の上に乗り上げてしまった。車はその衝撃で、ギアボックスからオイルが漏れ出した。トラックの運転手は平謝りで、私の車を修理工場まで引っ張って行ってくれたのだが、どう直してもオイルの漏れが止まらない。やむなく廃車にし、新しい車を買うしかなかった。当時の私は良くも悪くも金型に縁があったようだ。

海洋廠の稼働から2年間は、台湾の精密部品事業本部が香港経由で部品を供給し、深圳で組み立てる分業体制がうまく機能した。ただ、受注増がさらに続き、生産が追い付かなくなってきた。

私は1990年、プレス加工と成形加工の工程を海洋廠に移転するとともに、会社全体として生産能力を拡大することを決めた。

このプロジェクトでは、ベテラン社員の力を借りた。特に成形工程の責任者には、社員番号が20番以下で、入社以来一貫して成形に従事してきた熟練工を起用した。彼は学歴が高くないため、社内で重用されていなかった。本人も仕事に意欲があるとは言えず、よく休んでいた。私は彼と面談したうえで、成形工程の移転作業の責任者を任せることを決めたのだが、彼は新たな目標ができたことで意欲的になり、別人のように働いてくれた。

プレス加工の工程は台湾通信OBの技術者に任せた。私を含む3人が力を合わせることで、プレス加工・成形の海洋廠移転・拡張は滞りなく進んだ。

私はこの経験で、社員と意思疎通を密にし、適切な目標設定を通じて力を発揮させることが、リーダーとして欠かせない素養であることを痛感した。

「黄田廠」で「艱難汝を玉にす」

海洋廠は1988年から、4階建ての建屋1棟で組み立て工程を運営していた。前述したプロジェクトにより、荷重条件を満たしている1階部分にプレス加工・成形の工程を移転させたのだが、連続部分メッキなどの工程はスペース不足で整備できなかった。その間も受注の拡大は続き、部品や金型の製造部門からも設備拡張のスペースが欲しいとの声が上がり始めた。より広い場所を探すしかなかった。

そこで私たちは、同じ宝安区にある深圳黄田国際空港（現深圳宝安国際空港）の近くで、3階建ての工場建屋を3棟借りることにした。5階建ての建屋を別途、寮に仕立てあげると、海洋廠に比べてかなりスペースに余裕ができた。海洋廠の建屋から退去し、全面的に引っ越すことにした。

こうして1993年に稼働した「黄田廠」は鴻海グループとして中国で初めての本格的な生産基地となり、最終的には合計10棟まで建屋が増えた。この基地は金型起こしから部品の製造、組み立て・出荷に至る工程をそろえていた。つまり、私が目指していた鴻海内部における製造工程の垂直統合はここで実現した。

黄田廠は中国で初めての本格的な生産拠点となった（中央右が郭台銘董事長、中央左が筆者、1994年撮影）

一方、当時の深圳は工場の安定操業に関わる重大な問題を抱えていた。インフラの整備の遅れで電力供給が安定しておらず、停電が頻繁に起こるのだ。工場の操業停止を避けるため、黄田廠はまず自家発電設備を導入した。

この対策は比較的容易だったのだが、より深刻なのは停電でポンプが動かなくなる結果、工業用水の供給も止まってしまうことだった。連続部分メッキは洗浄用に大量の水が必要なので、断水はメッキ工程のストップを意味していた。

やむを得ず、タンクローリーをチャーターして浄水場から毎日、水を運ばせることにした。これで水不足は回避できることになった。さらに、地元政府に黄田廠専用の電線を引くことを申し入れ、実現した。

一連の対策で工場の操業は安定すると思ったのだが、当時の深圳は建設ラッシュを迎え、いつも街中で土ぼこりがもうもうと舞っている状態だった。周囲の環境への配慮がない工事が横行しており、不注意によってわれわれの専用電線が切断される事態が頻発した。切断が起こるたび、私は現場で復旧を陣頭指揮した。

黄田廠が止まれば鴻海全体の製品出荷が止まり、せっかく築いた顧客からの信用がガタ落ちになってしまう。台北に戻っていたときに電線切断の知らせを受け、自宅に帰らず空港に直接向かい、深圳の現場へと急行したこともある。


電力・水不足は生活にも影響した。

黄田廠の規模が大きくなると、台湾から転勤してくる幹部が増え、寮の部屋が足りなくなった。そこで、近くの一般住宅を寮として借り上げ、私も引っ越したのだが、ここには黄田廠の自家発電設備から電力を供給できない。つまり、電力供給が安定していない。

夏場は特に地獄だった。電圧が常に不安定なのでエアコンは装備できず、扇風機に頼るしかない。これも電圧の変化によって回ったり止まったりする。照明も明るくなったり暗くなったりした。停電で扇風機が使えないときには窓を開けておくしかないのだが、夏には蚊が大量発生するので、蚊帳がなければ寝ていられない環境だった。
断水が重なると最悪だった。近所で浴室を使えるホテルの部屋を確保し、10人の台湾人幹部が交代でシャワーを浴びて切り抜けた。第6章で触れた佐渡島での実習と同様、「艱難汝を玉にす」と自らを鼓舞し、苦しい日々を乗り切った。

海洋廠と黄田廠の時代は確かに苦しかったが、私にとっては製造管理の業務で最も成長できた時期だった。精密部品事業本部の設立から深圳で垂直統合を実現するまでの間に、私はプレス加工・成形加工、メッキ・金型など精密加工技術の実践的な管理に従事した。さらに、ゼロから工場を設計・建設し、技術を導入し、生産設備を据え付け、生産計画を策定するという経験を積むことができた。

鴻海は1996年、宝安区の東隣にある龍華区に「龍華廠」を稼働させ、黄田廠の機能を段階的に移すことになった。本来は黄田廠の隣の空き地に工場を拡張したかったのだが、地元政府の役人が目先のことにとらわれ、私の話を聞いてくれなかった。

当時の鴻海の状況は成長期の子供に似ていた。子供服は2、3年ごとに買い替えないと子供の発育に悪い影響を与えかねない。1974年の創業からこの時期までの鴻海も同じであり、2、3年ごとに既存の工場を拡張するか、より広い新工場に引っ越しする必要があった。鴻海による工場移転の計画・実行の効率の高さは、今振り返っても感心するほどだ。

黄田廠から龍華廠への引っ越しは慎重に進める必要があった。

当時の鴻海は業績が急拡大しており、あらゆる部品・技術部門が設備へのまとまった投資を実施済みだった。仮に引っ越し計画に甘さがあれば生産が滞り、顧客からのクレームや受注のキャンセルを招いてしまう。引っ越しは私を含む全社の経営幹部が参画する重大なプロジェクトだった。

生産スペースの拡張は急務だった。米パソコン大手から筐体の大型受注を勝ち取ったおかげで、当時の黄田廠は生産設備で足の踏み場もない状態だった。やむを得ず、廊下にまで並べるありさまだった。

のちに龍華廠の建設に入ると、建屋が一棟完成するごとに生産設備を運び込み、直ちに生産・出荷を始めさせた。一般の事務や会議は、貨物用コンテナを改造した臨時の「事務棟」で行うことにした。テリーさんが使う執務室や会議室も例外ではなかった。これこそがスピードを重視する鴻海流の経営だと思う。

私はシャープで構造改革を実施するに当たり、事業所の引っ越しの問題に何度も直面した。シャープは他の日本企業と同様に、まず引っ越し先のリフォームを行い、その後にもともとの事業所を引き払うのが慣習だった。私はその慣習を許可はしたものの、あまり評価していなかった。

構造改革の対象になるのは赤字事業である。

本来はまず現在の与えられた環境下で黒字化を果たし、自ら稼いだお金で引っ越し先のリフォームを行ったうえで、快適な環境に移るのが筋だと思う。

鴻海は龍華廠を建設することを選んだ。龍華廠はのちに40万～50万人の従業員を抱える巨大工場へと成長し、鴻海グループとして中国最大の基地となった。

後述する通り、私は総責任者として「競争製品事業本部」と呼ぶ部門を率いていた2003年に、黄田廠の機能の大半を龍華廠に移転させた。

また、2007年には、残っていた機能を山東省煙台に新設した工場に移し、借りていた建屋をすべて黄田の地元政府に返却した。黄田の役人はかつて私の訴えに耳を傾けなかったばかりに、惜しいことをしたものだと思う。

鴻海はなぜEMSの世界最大手になれたのか

話が前後するが、鴻海は1992年に大規模な組織再編を行っていた。

それ以前は部品製造、マーケティング、研究開発など事業運営に欠かせない機能ごとに部署を分ける「機能別組織」をとっており、私はこのうち、金型起こしから部品製造に至る工程を擁する精密部品事業本部を指揮していた。この組織体制を、担当する製品別に部署を分ける「事業部制組織」へと再編したのだ。

本社部門の下にコネクター、ケーブルなど製品別に分けた事業本部が4つぶら下がる形となった。董事長職に専念していたテリーさんが本社と1つの事業本部の責任者となり、残り3つの事業本部をテリーさんの長弟である郭台強総経理と私を含む2人の副総経理がそれぞれ率いることになった。私は入社から5年あまりで、2人の副総経理のうちの1人に登用された。

私は競争製品事業本部（中国語で競争産品事業処、以下「競争」と表記）のトップになった。

鴻海では私が入社した1986年当時、パソコンのマザーボードに載せる「カードエッジ」と呼ぶコネクターが主力製品であった。

しかし、1992年時点では台湾域内で競合メーカーが次々に現れ、価格が10分の1以下に下がっていた。競争製品とは価格競争の激しいローエンド製品、言い換えれば落ち目の製品のことを指していた。つまり、「競争」は落ち目の製品を寄せ集めた部門だった。

台湾社会ではかつて、生まれた子供の見た目が良くない、あるいは占いの結果が悪い際に、両親がわざと聞こえの悪い名前を付ける習慣があった。日本でいう魔除けの意味を込めていた。この「競争製品事業本部」という命名も似たような発想だった。

「カードエッジは事業の継続が難しいなら、撤退しても構わない。生産を外注してもらってもいい」

テリーさんが会議でこう語り、私を擁護してくれたこともある。当然ながら、「競争」は社内の人気部署ではなかったのだが、幸いにして精密部品事業本部の部下の多くが私を慕って付いてきてくれた。金型関連の技術を持つ仲間がいることは、その後の「競争」の製品多角化において、大いに役に立った。

4つの事業本部は、それぞれが独立した子会社のように運営されることになった。

1993年には、精密部品事業本部の機能も分割され、4つの事業本部がそれぞれ金型や部品の製造能力を持つことになった。もちろん、本社による調整は入るものの、顧客獲得などで一部は競合しながら、兄弟がそれぞれ頂上を目指して山を登る経営体制となった。

事業本部はのちに、「次集団（グループ）」と呼ぶ組織形態へと発展した。グループ全体を指す「鴻海集団」の1つ下の階層の事業グループという意味だ。

私は次集団がそれぞれ製品領域を広げ、新規顧客を次々に獲得したことが、鴻海がEMSの世界最大手へと発展する原動力の1つになったと思う。部下との関係は自然と緊密になり、彼らは親しみを込めて私を「戴さん」、あるいは「老板（ラオバン、中国語でボスの意）」と呼んでくれるようになった。

プレイステーション受注で事業拡大

テリーさんは1988年に、当時の主要な幹部を台湾北西部にある桃園県（現桃園市）のホテルに集め、2日間にわたる経営戦略の策定会議を開いたことがある。私も出席した。会議では、企業の強みと弱みを外部環境と内部要因に分けて分析する「SWOT分析」、事業の成功に欠かせない「KSF（Key Success Factor：重要成功要因）」などの経営分析の手法に基づき、鴻海の経営理念を制定した。

私はそれを契機に経営理論に関心を持ち、経営書を積極的に読むようになっていた。そして自分が担当している事業について、市場における自社のポジショニング、ビジネスモデルの転換、組織運営などの経営理論を使って分析する訓練を行っていた。経営分析の結果、自分が得意としてきたコスト削減だけでは「競争」の成長に限界があると判断し、販路の拡大と製品の多角化を進めることを決めた。

つまり、ビジネスモデルの転換に挑むことにした。

まずは、カードエッジの技術を生かして「ライザーカード（主にパソコンに載せるコネクターの一種）」に参入し、さらにはその技術を生かしてパソコンの主要部品を載せる「マザーボード」へと進出する計画を掲げた。ライザーカードでは、私が自ら米国のパソコン大手2社の本社に乗り込み、受注を獲得した。

1994年には、日本の有力家電・ゲーム機メーカーが初代「プレイステーション」のコストを削減するため、鴻海に対し3種類のモジュールの製造委託を打診してきた。3つの事業本部がそれぞれ1種類ずつ対応したのだが、最終的には1995年に「競争」だけが受注を勝ち取った。プレステの前面にあるコントローラー接続用のコネクターを供給することになった。この受注ではまさに、日本でのビジネスにおける私の長い経験が生きたと思う。

プレステの正式なサプライヤーとなったことで、「競争」は業績が向上しただけでなく、ビジネスモデルの転換の第一歩を踏み出すことになった。ライザーカードとプレステ用コネクターの製造に欠かせない配線基板の組み立て技術を蓄積することにもつながったからだ。

鴻海はこうしてマザーボードに近い製品や技術で実績を重ねたのだが、実際にマザーボード自体の製造に参入するには表面実装機を導入する必要があった。ただ当時の鴻海にとって、表面実装機はとても高価な設備だった。

テリーさんは導入を成功させるため、「競争」ともう1つの事業本部に並行して表面実装機を買わせる方針を決めた。しかし、もう1つの事業本部は前向きではなく、コストを抑えるため日本製の旧式の機械を購入した。

逆に、私が率いる「競争」は表面実装機の技術に詳しい人材を確保したうえで、独シーメンスなど当時最も評価が高かった2社から購入した。この積極策が当たり、米パソコン大手4社から次々とマザーボードの受注を獲得できた。もう1つの事業本部は結局、表面実装機を使ったビジネスをやめてしまった。

「競争」はプレス加工・成形加工・メッキ・金型の設計および加工という部品関連の核心技術を持っていたところに、表面実装機という別の核心技術が加わったことで、ビジネスモデルの転換に成功した。のちに鴻海グループが保有する表面実装機のラインは1000本以上に達した。世界で最もたくさん表面実装機ラインを持つ会社なのだと思う。

「赤字で受注、黒字で出荷」

鴻海は1992年の事業部制組織への移行に合わせ、重要な技術をグループ内で共有するための「技術委員会」という仕組みを設けていた。

事業部制組織のデメリットとして、組織の壁が生まれ、技術などの経営資源を有効利用できない恐れが高まることがある。事業部制よりも独立性の高い社内カンパニー制を導入していたシャープにおいて、このデメリットが表面化していたことは第3章で触れた。

私はこの問題について、社内カンパニー制を廃止するとともに、「One SHARP」というスローガンの実現を促すことで解決した。一方で当時の鴻海は、技術委員会を置くことで技術の共有を促し、事業部制組織のデメリットを回避していたと言える。プレス加工、成形、自動化などの技術委員会に続き、「競争」による導入が軌道に乗った後には表面実装機の委員会も誕生した。責任者は私が務めた。

鴻海は当時、パソコン関連のコネクターを主力としていたが、ゲーム機などに製品分野が広がりつつあり、グループの経営資源を柔軟に使って対応する必要があった。「競争」は技術委員会を通じ、他の事業本部による表面実装機の導入を技術交流、研修、人材募集、設備・材料の共同購買などで支援した。いわば「競争」のノウハウを枝分かれさせた格好だ。

鴻海では毎年、技術委員会の実績評価を行うのだが、表面実装機の委員会は常に1位を獲得していた。

一方で、「競争」には「赤字で受注、黒字で出荷」という経営戦略もあった。

特に、後述するEMSへのビジネスモデルの転換では、単純にコストを積み上げて見積価格を出せば競合する大手企業に勝てるはずがなかった。見積価格はこの戦略のカギを握るため、部下任せにはせず、必ず私が決めることにしていた。部下には「乾いた雑巾を絞る」と称されるトヨタ自動車の取り組みを例に挙げ、徹底的なコスト削減を求めた。

「ゲーム機全体の組み立てビジネスに参入したい」

私は1999年、鴻海の日本法人で開いた会議でこう宣言した。

初代プレステのコントローラー接続用のコネクターで4年間の出荷実績を作り、有力ゲーム機メーカーと信頼関係を築いたことを踏まえての発言だった。

しかし、出席した幹部は私が冗談を言っているのだと思ったらしい。難しいのは確かだが、私は「経営者・幹部たるもの、野心を持たねばならない」と叱咤《しった》し、彼らと受注獲得の作戦を練った。

この顧客メーカーは当時、「プレイステーション2」の発売を計画していたが、開発が順調ではなかった。同じ時期に初代プレステをベースに開発していた「PS one」の製造を外注することで、プレステ2の開発の遅れによる業績悪化を食い止める狙いがあったようだ。

煙台工場で開かれた「プレイステーション4」初出荷の記念式典(2013年撮影)

「競争」は4年間の実績をもとに積極的に動き、ゲーム機全体の組み立ての受注を勝ち取った。

「競争」は2000年に、500万台ものPS oneを順調に出荷した。顧客メーカーがこの年に開いたサプライヤー大会では、サムスン電子と鴻海の2社が表彰の対象となり、私も会場に招かれた。

「鴻海に製造委託したことでプレステ自体のコストが下がっただけでなく、部品の購買や在庫の管理に必要な情報システムの構築・維持費も削減できた」

顧客メーカーの社長は授賞式でこう讃えてくれた。この発言は、「競争」の事業領域をパソコン関連のモジュール生産から完成品の

ＯＥＭへと広げようとしていた私にとって、大きな自信になった。

「競争」は同じ時期に、米パソコン大手からもある機器の全体の組み立て案件を受注していた。この時期の「競争」は鴻海グループの中でも先陣を切って電子機器のＯＥＭ、さらには部品調達や物流を含めて請け負うＥＭＳへとビジネスモデルの転換を進めようとしていた。

「４象限マトリクス」

ここで、私がビジネスモデルの転換を進める際に意識してきた経営理論「４象限マトリクス」について説明しておこう。

これは米経営学者イゴール・アンゾフが提唱した経営分析のフレームワークである。縦軸に「事業・商品」、横軸に「市場」をとり、それぞれに「既存」「新規」の２区分を設けたマトリクス表（行と列で表現された表）によって、企業の事業を４つの象限に分けて分類する手法だ。

「競争」のＩＣＴ（情報通信技術）機器のビジネスに例えると、金型とそれを使った精密部品の製造が既存の「事業・商品」、かつ既存の「市場」の象限に当てはまる。マトリクス表

4象限マトリクスと多象限経営

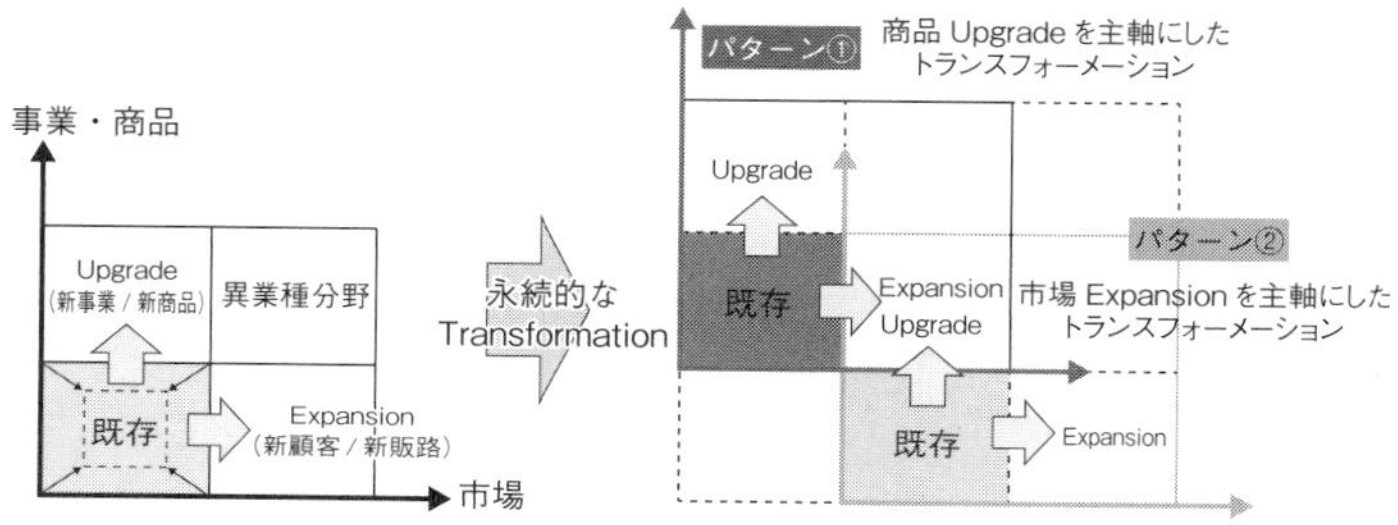

では左下に位置する。「競争」はこの技術を応用してマザーボードに進出することで、米パソコン大手4社を顧客として取り込むことができた。これは既存の「事業・商品」、かつ新規の「市場」の象限に入り、マトリクス表では右下に位置する。

「競争」は1990年代半ばにパソコン部品の事業を筐体、ベゼル（表示画面の枠）へと拡大していた。これは新規の「事業・商品」、かつ既存の「市場」の象限に当たり、マトリクス表では左上に位置する。

これらの段階的な多角化を経て、「競争」は2005年頃からノート型パソコン、スマートフォンのEMSへと参入した。これは新規の「事業・商品」、かつ新規の「市場」であり、4象限マトリクスで目標とされる右上の象限に到達したことになった。

私はICT機器以外でも、4象限マトリクスの考え方で「競争」のビジネスモデルの転換を進めた。例えば、鴻海は

仏トムソンから光ディスク装置の事業・工場を買収した（2004年撮影）

２００４年に仏電機大手トムソンからＤＶＤなどのデータを読み書きする光ディスク装置の事業・工場、２００７年には台湾デジタルカメラ大手の普立爾科技（プレミア・イメージテクノロジー）を買収した。いずれも「競争」がＭ＆Ａの受け皿となった。

一連のＭ＆Ａで入手した光ディスク装置とカメラモジュールはのちに家庭用・携帯型ゲームに欠かせない技術となり、日本の他のゲーム機会社からのＥＭＳ受注の拡大でとても役に立った。

さらに、光ディスク装置から派生したＤＶＤプレーヤーによって、「市場」がＡＶ（音響・映像）機器メーカーへと広がった。ここで築いたＡＶ機器メーカーという顧客基盤が、のちに薄型テレビでのＥＭＳ参入につながった。

カードエッジという落ち目の製品から出発した「競争」はこうしてビジネスモデルの転換に成功し、２００９年の組織再編で「コンシューマーエレクトロニクス製品事業グループ（中国語で消費電子産品事業群）」と改名された。

この部門の２００９年の売上高は８０００億台湾ドルに達した。２０２２年末時点の為替レートで単純に日本円に換算して、３兆円を軽く超えている。立派な大手家電メーカー並みの規模だ。それでも、古くからの鴻海幹部はこの部門を「競争」と呼ぶ習慣が抜けていない。

振り返れば、私個人のビジネスパーソンとしての成長も４象限マトリクスに基づく多角化に似ているように思う。鴻海に入社した時点で、私にとっての「既存市場・商品」は大同時代の日本駐在経験と製造現場の管理ノウハウだった。

私はその後、日本企業との取引で、販売やマーケティングにも仕事の幅を広げた。中国が世界の工場となる過程に身を置いたことで、巨大な工場の建設から運営まで経験することができた。そして結果的に、私は鴻海グループの副総裁へと上り詰めた。

自らの強みを見極め、それをどう広げるかを戦略的に考えることの大切さは、企業も個人も同じだと思う。私はシャープの再生においても４象限マトリクスやＭ＆Ａをフル活用したが、それについては第8章で詳しく述べよう。

「フォックスコン・ジャパン」と「煙台工場」

本章の最後に、「競争」の事業の地理的な広がりについて触れておこう。

私はテリーさんの指示を受け、1996年に日本法人の「フォックスコン・ジャパン」を設立した。前身の会社の社名を変更したうえで、オフィスを新横浜へと移した。なお、「Foxconn（フォックスコン）」とは鴻海の自社ブランドだ。これはfoxcavaty（金型）とconnector（コネクター）という英語にちなんだ造語である。

新横浜を選んだのは東京都内ほどオフィス賃料が高くないことと、新横浜駅から新幹線に乗れば約10分で品川駅に着く交通の便が魅力だったからだ。品川には、前述したゲーム機の顧客メーカーが本社を置いている。混雑する山手線に乗って都内を移動するよりも、時間の節約になる。鴻海の「競争」以外の日本の拠点もその後、続々と新横浜に集まってきた。

日本への出張時には新横浜に滞在することが多かったので、のちに個人として日本法人の近くに自宅を購入した。会社にとっては、私の分の出張宿泊費の節約になっただろう。ある時期には、早稲田大学の大学院に進学した長男が近所に住んでいた。

「競争」は中国において、深圳を本拠地としてきたことは前述した通りだが、深圳は21世紀に入ると市街地の整備が急速に進み、工場を拡張する余地がなくなってきた。

さらに2003年の重症急性呼吸器症候群（SARS）の流行により、中国工場を1つの都市に集中させておくリスクも表面化した。私は2006年、鴻海幹部らと内モンゴル自治区フフホトや遼寧省大連を視察したうえで、「競争」が山東省煙台に工場進出することを決めた。

私が煙台を選んだ背景には、テリーさんの末弟である郭台成氏の存在もある。

郭台成氏は鴻海グループの最高幹部として煙台での工場建設を計画していたものの、重い病気のため入院してしまっていた。私が視察直前に見舞いに行ったところ、「煙台の工場を引き継いでほしい」と後事を託された。郭台成氏は治療の甲斐なく、2007年に亡くなってしまった。鴻海にとって、テリーさんの後継候補を失う大きな損失だった。

私は遼東半島の大連で視察を終え、渤海海峡を挟んだ対岸の山東半島にある煙台へと空路で向かった。煙台は19世紀に西欧列強から開港を迫られた港町で、20世紀初頭にはドイツによる支配を経験していた。空から望む煙台の街並みには赤れんが屋根の欧州風の建築物が並んでいた。

私は2日間滞在し、郭台成氏が確保していた工場予定地や地元政府を視察した。

その後、改めて「競争」の幹部を派遣し、地元政府が協力的なこと、土地や人件費が割安なこと、水や電気の供給が安定していることなど煙台進出のメリットを確認した。

郭台成氏の見立てに間違いはなかった。

煙台工場は2007年に稼働し、「競争」は深圳の龍華廠、黄田廠にあった機能を段階的に移転させた。2009年には、2・5平方㎞の敷地内に20以上の工場棟と10以上の寮が建ち並ぶ現在の姿になった。

ピーク時には10万人以上の従業員を抱え、当時として鴻海グループで龍華廠に次ぐ規模の主力拠点となった。深圳に自宅を購入していた「競争」の台湾人幹部の多くが煙台で改めて家を買い、新工場の立ち上げに参加してくれたのは本当にありがたかった。

煙台では、市の共産党・政府幹部と交流する機会が多かった。深圳は大企業が多いうえ、市の規模も大きいため、企業と市のトップが直接会って話すことはほとんどない。しかし煙台では、私と2人の副総経理が歴代の市共産党委員会書記（市政トップ）らと頻繁に交流し、意思疎通のパイプを築いた。2013年には、煙台の社会・経済の発展に貢献したとして、当時の市長から「煙台市名誉市民」の称号も授与された。

煙台で過ごした日々は、冬の北風を除けば何の不満もなかった。

煙台は地理的・歴史的な背景から韓国人が多く、当時は大阪との直行便が飛んでいた。このため、レベルの高い韓国・日本料理店がたくさんあった。北朝鮮系のレストランが冬場に出すタラバガニも格別においしかった。もちろん、特産品のリンゴやトウモロコシ、そしてインゲン豆入りの肉まんや炸醤麺といった郷土料理も煙台の魅力だった。

中国と欧米に拠点を築く

中国内陸部・貴州省との縁は2012年、煙台の共産党幹部が同省に異動したことがきっかけだった。煙台工場の鴻海幹部を通じ、当時の省トップだった栗戦書・省党委員会書記から工場誘致の意向が届くようになった。2013年5月に、省ナンバー2だった陳敏爾省長を台湾・新北の鴻海本社に招いて交流が本格化すると、テリーさんは私を責任者に指名した。

山がちな貴州は、経済発展が遅れた貧しい省として知られている。私も2006年に私的なゴルフ旅行で省都・貴陽を訪れたことがあったものの、特に印象に残っていなかった。

陳省長による来訪の翌月、私は貴州を訪問し、「貴安新区」と呼ばれる経済開発区を視察した。この開発区は中央政府の支援を受け、電子機器、クラウド、バイオなどの産業誘致を目指していた。貴州に対する私の印象は大きく変わり、鴻海として投資を真剣に検討することになった。

7月中旬にはテリーさんが貴安新区を訪れ、鴻海が「第四代電子工業産業園」と呼ぶ生産・開発拠点を建設することを発表した。

さらに10月21日には、中国国有の通信大手である中国電信（チャイナテレコム）、中国移動（チャイナモバイル）とともに着工式を開いた。現在は貴州の標高の高さ・気温の低さを生かした空冷式データセンターの運営や中国顧客向けのスマホの生産拠点などとして活用している。

鴻海の貴州進出を誘致した栗氏や陳氏は習近平国家主席の側近として知られている。実際に、栗氏は2013年時点では北京に異動し、日本の官房長官に当たる共産党中央委員会弁公庁主任を務めていた。中国共産党の最高幹部が経営者と個別に交流することは珍しいが、栗氏は着工式の翌日、テリーさんと私を北京に招いて宴席を設けてくれた。省書記時代から希望していた鴻海の貴州進出が実現し、個人として謝意を示したかったのだそうだ。

栗氏は2017年には習指導部で序列3位まで上り詰め、全国人民代表大会委員長（国会議長に相当）まで務めた。陳氏は貴州省で書記に昇格した後、中央政府の直轄市である重慶市、天津市の書記を歴任している。

第5章で触れた故郷・宜蘭の開蘭工作室には、陳氏が鴻海の貴州進出の成功を祈念した「富貴安康」という直筆の書が飾ってある。貴州進出で知り合った共産党幹部が出世していくのは、私にとっても光栄なことだ。

「競争」が薄型テレビのEMSへと多角化した経緯は前述した通りだ。

私はこの事業を拡大する過程で、ゲーム機の大口顧客でもあった日本メーカーからの受注獲得に成功した。

2010年には、そのメーカーがメキシコとスロバキアに持つテレビ工場を買収することになった。台湾で誕生し、中国で成長した「競争」は、ついに欧米へと事業範囲を広げることになった。

メキシコの工場は米サンディエゴと国境を接するティファナにある。

2018年以降、米国と中国が貿易戦争の一環として互いに輸出規制や関税を課すなか、世界最大のテレビ市場である米国に隣接するこの工場の重要性は一段と高まっている。

「競争」は一方で2014年に、顧客の求めに応じてインド東部のチェンナイにテレビ工場を建設したのだが、実はメキシコ工場の幹部が、ここで重要な役割を果たした。長きにわたる製造技術の蓄積があるうえ、サンディエゴの自宅から毎日国境を越えて通っている人も多く、インドの公用語である英語に不自由しないからだ。

私が率いた「競争」の発展を振り返るだけでも、鴻海はテリーさんが私の採用面接で語っていた「中華民国の国旗を世界各地に立てる」夢を実現してきたことがわかる。

そして私自身は2012年からはシャープとの提携に仕事の軸足を移し、2016年にはシャープの社長に就任した。世界各地を駆け回ったビジネスパーソン人生の締めくくりとして、シャープの再生に賭けることを決意した。

それでは、シャープへと話を戻そう。

シャープが経営危機を脱し、わずか1年4カ月で東証1部への復帰を果たした経緯は第4章までに紹介した。第8章では、私が東証1部復帰から2022年6月の会長退任に至るまで、シャープ再生への道をどう描き、どう行動したかを振り返っていこう。

第8章
シャープは日本の宝

「鉄は熱いうちに打て」

「皆さんのたゆまぬ努力のおかげで、シャープは前例のない速さで東証1部への復帰を果たすことができた。今後は日本を代表する企業へと成長していかねばならない」

私は2017年12月18日、首都圏の主要拠点である千葉県のシャープ幕張ビルを訪れ、社員にこう呼びかけた。この幕張を皮切りに、私は12月26日までに5日間を使って日本国内のすべての事業所を回り、社員と直接対話した。「社長徹底会」と名付けたこの行脚には、大きく2つの目的があった。

1つはもちろん、シャープが東証1部への復帰を果たし、会社としての誇りを取り戻した喜びを社員と分かち合うことだ。もう1つは、2016年8月にまとめた経営基本方針を改訂したと伝えることだ。全社の共通目標として掲げていた「東証1部への早期復帰」を「中期経営計画の完遂」へと改訂した。

中国語にも「鉄は熱いうちに打て」ということわざがある。社員の士気が高いうちに、シャープの経営再建、そして再生を、次の段階へと進めることを社内で宣言したのだ。

シャープが2017年5月に公表した中計において、経営の軸足を構造改革から事業拡大へと移す方針を示したことには第4章で触れた。私は自らが近い将来、経営の第一線か

シャープの売上高・営業損益・最終損益の推移

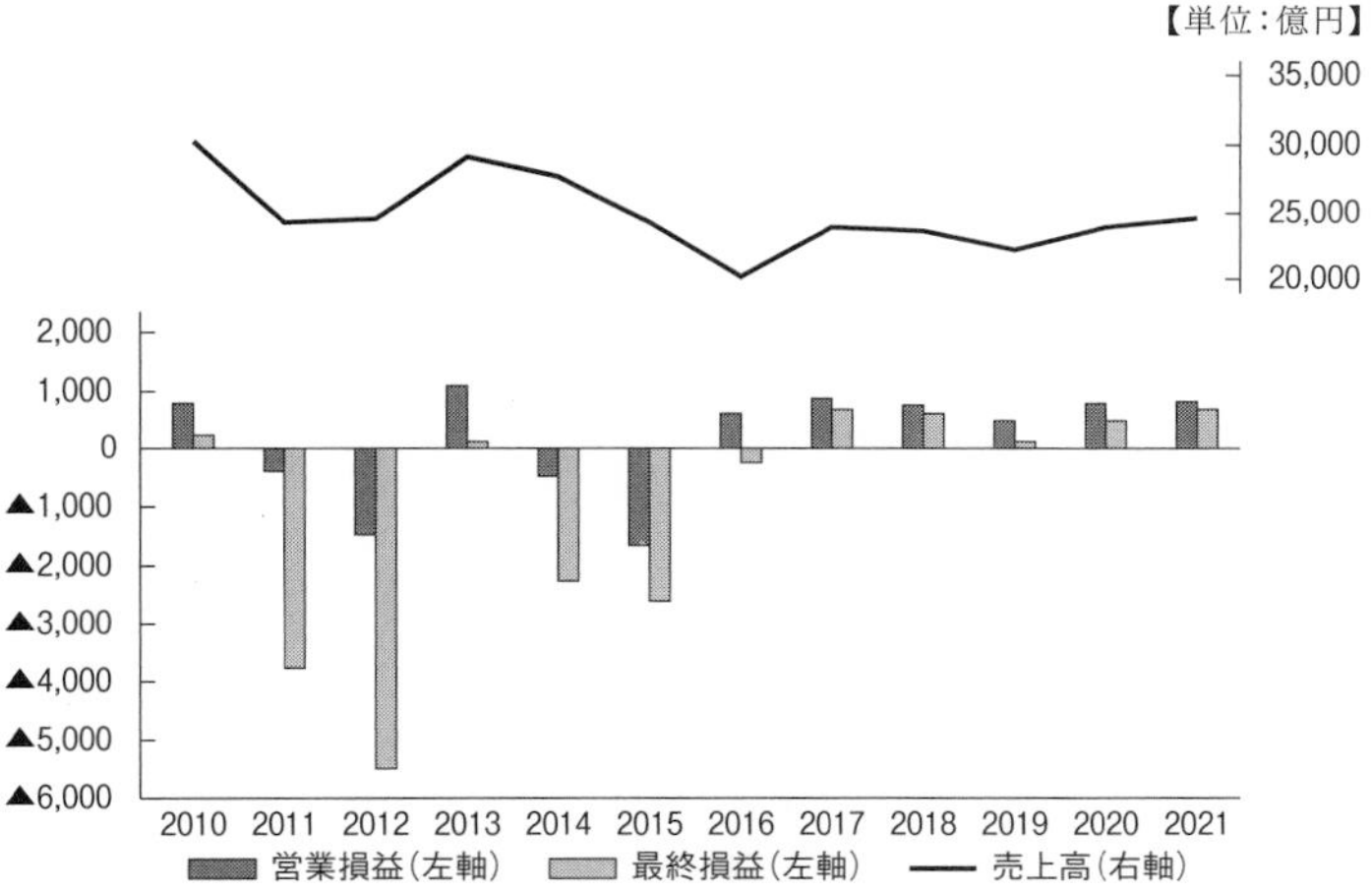

ら退くことも視野に、シャープ再生への道を描く作業を急ぐことにした。

例えば、太陽電池パネルの生産・販売を中心とするエネルギーソリューション（ES）事業である。私が2016年8月に社長に就任した時点では、太陽光パネルを自社生産し、個人住宅やメガソーラー（大規模太陽光発電所）向けに販売するビジネスモデルが中心だった。

しかし、第3章で触れた米社からのシリコン調達の長期契約や中国勢によるパネルの大増産に加え、日本国内で固定価格買い取り制度（FIT）導入に伴う特需が一段落したことで、巨額の赤字に陥っていた。

メディアや証券アナリストは当時、シャ

ープにとって太陽電池が液晶パネルと並ぶ経営危機の元凶であると指摘し、撤退論を主張していた。鴻海が2016年4月にシャープへの出資を決めた際も、撤退の可能性があるとして太陽電池の顧客やサプライヤーに動揺が広がったようだ。

しかし、私は脱炭素の手法の1つとして社会に貢献できるES事業から撤退するつもりはなかった。社長就任前ではあったが、事業継続の意思を公にすることで、動揺が収まるように努めた。

とはいえ、東証1部に復帰した以上、赤字垂れ流しで事業を継続するわけにはいかない。本書で繰り返し触れてきた通り、黒字化には「コスト構造を抜本的に変える」ことと「新たな市場や、新たな製品・サービスの展開で売上高を増やしていく」ことの2点が欠かせない。

コスト構造については、前述した米社とのシリコン調達の契約を見直すとともに、コスト競争力を失っていた自社によるパネル生産を休止した。さらに2017年12月26日には、ES事業を販売子会社であるシャープエネルギーソリューション（SESJ）に継承させ、実質的に分社することを発表した。独立会社として運営する体制に移行し、コスト管理を強化するとともに、ソリューション事業を拡大させることが狙いだった。

ただ、シャープを活力のある会社へと再生させるためには、売上高の拡大がより重要になる。私は第7章で紹介した「4象限マトリクス」に基づき、ES事業の戦略を練った。マトリクス表の左下に位置する既存事業において、「事業・商品」はパネルを中心とするハードであり、「市場」は日本だった。

マトリクス表の左上に当たる新規の「事業・商品」では、ソリューション型ビジネスの拡大に取り組むことにした。個人住宅向けには太陽電池、蓄電池、家庭用エネルギー管理システム（HEMS）を一体化したシステム、メガソーラー向けには発電所の設計・調達・建設（EPC）の一括受注などの提案を一段と強化した。私はシャープのビジネスモデルをハードの単体売りからエコシステムの形成、そしてソリューション・サービスの提供へと進化させるべきだと考えてきた。ESの「事業・商品」もこの考え方に沿って進化させた。

マトリクス表の右下に位置する新規の「市場」では、「Go West!」というスローガンを掲げ、東南アジア、中央アジア、アフリカなど、日本から見て西方に位置する国々で販売を拡大する方針を打ち出した。4象限マトリクスで右上に位置する新規の「事業・商品」「市場」へと到達するには、M&Aや提携を通じ、これらの市場で発電所のEPC業務などに当たる協力会社を確保する必要があるだろう。

コスト競争力で劣る自社工場でのパネル生産を休止し、中国の有力メーカーからの調達に切り替えたことで、人員削減や協力工場の閉鎖などの影響は出た。しかし、ES事業を継続させるためには避けられない痛みだった。このビジネスモデルの転換は経営者としての私の信用を高めてくれたと思う。

後継者を見つける

続いて、2018年1月1日付で私を含む当時の取締役4人全員が共同CEOとして経営を担う体制へと移行した。私が8K事業、野村副社長が管理部門や研究開発など、石田佳久副社長がAIoT事業、高山俊明代表取締役が中国事業を担当する布陣をとった。

これには私の後継者を育成し、円滑な世代交代につなげる狙いがあった。東証1部への復帰に当たり、東証からのヒアリングや記者会見において、後任人事について必ず問われていたのは前述した通りだ。

私はシャープに入社した時点で64歳であり、2回目の日本駐在を積極的に希望したわけではなかった。鴻海の経営陣で唯一の知日派であり、シャープへの出資交渉でも最前線に立った私が再建・再生を指揮するのが自然な成り行きだっただけだ。個人的には、当初、3年で黒字転換を果たし、日本人を後継社長に据えようと思っていた。

私が学生時代に学んだ政治理論によると、中華民国建国の指導者である孫文は国の建設の順序について「軍政」「訓政」「憲政」の3段階を定めていた。私はシャープの社長として、当初は独裁体制、いわば軍政の統治形態をとった。社長就任当時は赤字続きの緊急事態だったので、軍政を敷かざるを得なかった。しかし、東証1部への復帰を果たした以上、軍政は止め、訓政に移行すべきだと考えた。

孫文が想定した訓政は、中央政府の職権を代行している国民党が役人を地方政府に派遣し、教育・訓練を行って自治を促すことを想定している。私は新たな経営体制で自分を除く3人の共同CEOをトレーニングし、そのうちの1人を後継社長にしようと考えた。3人はすべて日本人である。

石田氏が最も有力な後継候補だった。石田氏はソニーでかつて「四銃士」と呼ばれた若手幹部の1人で、テレビ事業やパソコン事業で豊富な経験を積んでいた。私は2016年に後継者含みでシャープに彼をスカウトしていた。しかし残念ながら、彼は自己都合により退職してしまったため、私は経営のバトンを渡せなかった。彼がシャープにとどまっていたら、間違いなく後継社長になっただろう。

時計の針を先に進めよう。

シャープは2020年6月、野村氏が社長兼最高執行責任者（COO）、私が会長兼CEO

を務める経営体制へと移行した。野村氏は経理畑が長く、個別の事業や技術には詳しくなかったものの、私はシャープ全体を率いる力量があると判断した。

いずれはCEO職も引き継いでもらいたかったが、彼は鴻海との人脈がそれほど太くないことなどを理由に固辞した。私が会長職を退く意思を固めると、彼も同時に退任したいと申し出てきた。

私はシャープの経営トップとして成功する人物には、5つの能力が必要だと考えている。第一に激しい環境変化への機敏な対応力、第二に強いリーダーシップ、第三にシャープの主力事業の経験、第四に株主などステークホルダーからの信頼、最後にグローバル経営の能力の5つである。残る1人の候補者だった高山氏は経営幹部としての能力は素晴らしいものの、グローバル経営の経験がもう少し欲しかった。シャープの多岐にわたる事業と技術への知見という観点でも、さらに領域を広げてほしかった。

こうして、後継者選びはいったん振り出しに戻ってしまった。

鴻海はシャープの最大株主なので、私は鴻海のテリーさんと事前に相談のうえ、2021年に改めて社内外から後継候補を探した。10人前後が候補に挙がった。日本人はもちろん、米国人の候補もいた。

第三者を介し、シャープのある元社長から再挑戦したいとの希望が寄せられたこともあった。その人物は別の大手メーカーの社長候補になったようだが、就任には至っていなかった。テリーさんはテレビ会議でその人物と面接したが、結果として候補から外したようだ。シャープとしても私の判断でお断りし、面接まで至らなかった。

結局は第4章で触れた通り、2022年4月に鴻海出身でシャープ常務執行役員を務めていた呉柏勳（ロバート・ウー）にCEO職を引き継いでもらった。さらに2022年6月には、会長を退任する私と入れ替わる形で彼が社長兼CEOに就いた。

ロバートは2015年からSDPの取締役を務め、2017年からはシャープ幹部として東南アジアでテレビや白物家電、複合機の販売拡大などを指揮してきた。社内での人望もあり、海外市場の開拓が急務であるシャープの経営トップにふさわしい。鴻海などのステークホルダーとの意思疎通のパイプが太いことは言うまでもない。ロバートは電子部品などデバイス事業については経験が不足気味だが、SDPにおいて液晶パネル事業は経験済みだった。もともとデバイス事業は子会社化して経営の独立性を高めていく方針であり、その面での心配はあまりなかった。

シャープではかつて社長経験者が相談役や顧問として残り、実質的な経営トップが2人も3人もいる「二頭政治」「三頭政治」が常態だったと聞いている。これでは社内の指揮命令系統が混乱し、経営の効率が下がってしまう。私が名誉会長などとして社内に残れば同じ状況になりかねないので、2022年6月の株主総会をもってシャープのすべての役職から退いた。

「私が絶大な信頼を置く幹部の1人で、必ずやシャープを輝けるグローバルブランドへと導いてくれることを確信しています」

私はロバートのCEO就任を発表した2022年2月18日の社長メッセージで、彼にこんなエールを送った。CEO就任時点で44歳だった若さを生かし、シャープの再生をけん引していってもらいたい。

東芝ノートPC事業を買収

事業の拡大へと話を戻そう。

シャープは2018年に入ると、東芝からノート型パソコン事業を買収する交渉を始めた。「Dynabook（ダイナブック）」ブランドの東芝は1989年、世界に先駆けてノート型パソコンを発売した開拓者であり、長年のファンを抱えている。東芝は当時、パソコン事業を東芝クライアントソリューションという完全子会社として運営していた。

シャープが2017年、東芝に買収を打診したところ、先方も売却を検討していたことがわかり、両社は協議に入った。東芝も不正会計問題などで経営が悪化し、赤字体質だったこの事業を手放したかったようだ。私はとても興味を持ったのだが、買収してシャープの事業構成が変わってしまうと、最大の経営課題だった東証1部復帰の審査が長引いてしまう。いったん協議は打ち切り、1部復帰後に再開することにした。

私がこのM&Aに興味を持った理由は大きく2つある。

1つ目はシャープのAIoT事業とのシナジーだ。AIoT事業を拡大するにはICT端末の品ぞろえが充実していることが望ましい。シャープ社内に品ぞろえがある小型画面のスマホ、大型画面のテレビ・デジタルサイネージ（電子看板）だけでは弱いので、中型画面のパソコンを加えたいと考えた。

シャープは長年手がけた「Mebius（メビウス）」ブランドのパソコン事業から2010年に撤退していたが、様々なスキルを持つ技術者が残っていた。東芝側の技術者と一体になれば、IT人材の厚みが増す。パソコンはシャープグループが生産している液晶パネルの供給先にもなり得る。

2つ目はシャープの再生に欠かせない売上高の維持・拡大だ。シャープは成熟期にある製品・サービスが多く、いくら努力しても年率5〜10%の売り上げ減の圧力がある。私が推進してきた4象限マトリクスに基づく事業拡大において、M&Aは有力な手法の1つである。

東芝のパソコン事業は18年3月期の売上高が約1700億円、販売台数が約150万台の規模だった。私はノート型のEMSを得意としている鴻海の力を借りれば黒字転換は可能だと判断した。

ただし、私はシャープの最大株主である一方、世界最大のEMSでもある鴻海はこのM&Aに賛成しないのではないかと考えた。理由は2つあった。

まずは鴻海がデル、HPなど米パソコン大手をノート型のEMS事業の大口顧客として抱えていることだ。米社の競争相手に当たる東芝のパソコン事業をシャープが買収すると、米社とのビジネスに影響しかねない。さらに、東芝のノート型は世界シェアが1~3%しかなく、事業の先行きに期待できないとの指摘もあった。

この2つの理由を否定したわけではないが、私はシャープへのプラス効果を考えて2018年10月、発行済み株式の80・1%を買い取って子会社化した。社名を「Dynabook」へと変更し、2020年8月までに完全子会社とした。

私はDynabook社がノート型パソコンの専業会社ではなく、パソコンというハードを含むITエコシステムのプロバイダーとして成長することを期待している。買収後には、シャープの8K映像編集システムや通信技術を搭載したパソコンの開発・販売のほか、法人向け販売ルートの相互活用などで連携を深めている。

Dynabook社は中国の浙江省杭州市で自社工場を運営しており、鴻海に対するパソコンEMSの発注は限定的だ。この杭州の工場は東芝時代を含めて約20年の歴史があり、設計や技術開発などで優秀な技術者・人材を数多く抱えている。Dynabook社がITエコシステムのプロバイダーへと事業展開していく際に、彼らが力を発揮してくれることを期待している。

一方で、パソコン資材の調達では鴻海のネットワークをフル活用し、コスト削減を実現した。Dynabook社が2020年3月期に黒字化を実現できたのは、シャープと鴻海とのシナジーの1つだと思う。

M&Aの大原則

シャープがテレビ事業における「SHARP」ブランドの使用権を巡り、ハイセンスと争った経緯には第4章で触れた。ハイセンスはこの争いのさなかに別途、東芝からテレビ事業を買収したのだが、実はシャープも買収を検討していた。私自身は前向きだった。しかし、社内で「『SHARP』ブランドとのカニバリゼーション（共食い）が起こる」「人員が多くて固定費負担が重いのではないか」との反対が強く、断念した経緯がある。
ハイセンスは買収後、「ＲＥＧＺＡ」ブランドのテレビで安値攻勢をかけ、シャープは苦戦を強いられることになった。パソコンのDynabook社には東芝時代からの社員のほとんどが残っているが、ハイセンス傘下に入ったテレビ部門からは人材がかなり流出したと聞いている。

私はシャープがテレビ部門も買収しておけば、より健全な事業運営ができたはずだと後悔している。テレビ市場でのシェアの拡大、収益の底上げのみならず、液晶パネルの供給先として大きなメリットがあったと考えている。

私は鴻海時代から、Ｍ＆Ａについて「金銭的なリターンの追求だけを狙った純投資ではなく、既存事業とのシナジーを生む戦略的な投資とする」ことを大原則としてきた。投資の前に慎重なデューデリジェンスを行うことは言うまでもない。さらに、Ｍ＆Ａ完了後の事業計画を入念に準備し、素早く実行することも心がけてきた。Dynabook社はその成功事例と言える。

２０２０年11月に、デジタルサイネージを手がけるＮＥＣ子会社の全株式の3分の2を買い取り、シャープＮＥＣディスプレイソリューションズへと衣替えしたのも、戦略的なＭ＆Ａの一環である。２社のシェアを合計すると世界3位になり、サムスン電子など先行する韓国勢に規模で対抗できる。

ＮＥＣは海外販売の比率が高い一方、国内では大企業や官公庁を得意先としていた。いずれもシャープにとって手薄だった市場であり、シナジーが期待できる。さらにはシャープグループが生産する液晶パネルの供給先にもなる。

「日本に液晶パネル産業を残したい、そして日の丸連合を」

パソコン、デジタルサイネージなど液晶パネルを搭載する機器のビジネスについて振り返ったところで、基幹部品である液晶パネルそのものに対する私の考え方を整理しておこう。シャープが東証１部に復帰するに当たり、東証からのヒアリングで液晶パネル事業の先行きについて質問を受けたことは前述した通りだ。

繰り返しになるが、私はシャープが「ＳＨＡＲＰ」などの自社ブランドを中核とするビジネスモデルの会社を目指すべきだと考えている。例えば、私は２０１６年、日課である始業前の早朝散歩の際に、堺事業所の敷地の一角に大きな空き地があることに気が付いた。スタッフに確認すると、ＳＤＰの第２期工事に備えて残しておいた土地だという。私は未来の経営陣が第２期工事に踏み切るのは経営リスクだと判断し、直ちに売却を指示した。

2019年1月には大手機械メーカーに売却し、すでにその会社の研究所が完成している。鴻海が出資した当時、シャープの損益計算書では液晶パネル事業が大きな赤字の原因となっていた。一方で貸借対照表を見ると、総資産の5割近くを液晶パネル関連の固定資産、すなわち液晶パネル工場が占めていた。

典型的な装置産業である液晶パネル事業は固定資産が大きい。損益だけで判断すれば赤字続きの液晶パネルから撤退したくもなるのだが、全社の総資産に占める比率を考えると「もう要らない」と簡単に捨て去ることができないのだ。

撤退が現実的ではない以上、シャープは前述した「開源節流」の原則に沿って液晶パネル事業の運営を続けていくしかない。ここでも、収入を増やす事業拡大の推進と支出を減らすコスト管理の強化が必要であった。

まず「節流」、コスト面の改革だ。私はパネル生産の「ISPI管理」を求めた。いわば在庫管理の徹底である。赤字の要因の1つに在庫管理の問題があったからだ。

生産管理では一般に、生産（Production）、販売（Sales）、在庫（Inventory）を同時に最適化する「PSI管理」が知られている。私はPSI管理の前に在庫の現状を確認する作業が欠かせないと考え、PSIの前に「I」を加えた。

さらに、販売の実態を無視した生産を防ぐため、「P」と「S」の順番を入れ替えた

「ＩＳＰＩ管理」を求めた。液晶パネルは市況性が高いため、部材や製品の在庫が少しでも過剰だと一気に損益が悪化しかねないからだ。

国境をまたぐパネル供給網の見直しも進めた。従来は自社で生産したパネルをモジュール化する工程は外注先を含めて分散していたが、中国江蘇省無錫の生産子会社を現地企業との合弁から独資による１００％子会社に切り替えたうえで、そこに集約した。販売面では、米国拠点を8カ所から3カ所に、欧州拠点を4カ所から1カ所に統合した。

工程の内製化にも取り組んだ。設備やシステムの保守・メンテナンスといった保全業務だけでなく、液晶パネルの色を生み出す主要材料であるカラーフィルターの製造もＭ＆Ａによって内製化することで、外部への利益流出を抑えることができた。

事業拡大では、スマホ用やテレビ用の汎用品の販売比率を下げ、車載用や産業用など市況性が小さく技術力が生かせるカスタム品の市場開拓を急いだ。製品構成を転換して安定成長を図る狙いだ。第4章で触れた通り、知財管理の専門会社であるＳＢＰＪの力を借り、シャープが独自の液晶技術で保有している特許を活用したライセンスビジネスも推進した。

２０２０年10月には、液晶パネル事業をシャープが全額出資するシャープディスプレイテクノロジー（ＳＤＴＣ）として分社した。一連のコスト管理や事業拡大を独立会社として行えるようにするためだ。

一方で、2020年10月にはJDIの白山工場（石川県白山市）を412億円で買収した。JDIはこの工場でスマホ用の中小型液晶パネルを生産していたが、新型ディスプレーである有機ELパネルへの代替が進み、2019年7月に操業を停止していた。有力顧客であるスマホメーカーから工場の買収・生産再開の要請もあって、私は悩んだ末に買収を決断した。

中小型パネルでは有機ELへの需要シフトが現在も続いているが、液晶の市場がゼロになるわけではない。いわゆる「残存者利益」を狙う戦略が成立する経営環境にある。ただ、白山工場を大型パネルで世界シェアを急拡大していた中国メーカーに買収されてしまえば、中小型パネルでこの戦略が成り立たなくなる恐れがあった。

白山工場は2016年に稼働したばかりだった。建屋・設備は比較的新しいが、操業停止中だったので買収金額を抑えることができた。中小型パネルには電気自動車（EV）、仮想現実（VR）機器など新たな用途を開拓する余地もある。私は白山工場を買収し、中小型液晶パネルで世界シェア首位に立つことを選択した。

次に、シャープと鴻海の提携の起点となった液晶パネル生産会社のSDPについて説明したい。

シャープは2022年3月、様々な経緯から出資比率が2割に下がっていたSDPについて、再び完全子会社にすることを決めた。私がCEO在任中に取締役会で決議した最後のM&Aとなった。メディアや証券アナリストから疑問の声が上がったことは承知している。

SDPを完全子会社化した狙いは大きく2つある。

1つは液晶パネルの安定調達だ。シャープが近い将来、世界のテレビ市場で「SHARP」「AQUOS」ブランドの市場シェアを拡大するには、基幹部品である液晶パネルの安定調達が欠かせない。

テレビ用の大型パネルでは現在、中国勢のシェアが7割に達しているが、米中貿易戦争に伴う米制裁の対象になるメーカーも出ている。SDPの完全子会社化はシャープがパネル調達で中国に依存しすぎるリスクを回避することにつながる。

もう1つは技術の優位性の維持だ。かつてシャープの液晶パネル技術が中国・韓国メーカーに流出してしまったのは事実だが、私はまだ先頭グループにいると思う。「AQUOS XLED」と名付けた高画質なミニLEDテレビだけでなく、車載やVRなどの新たな用途を開拓するには、シャープとSDPが一体になって技術を磨き続ける必要がある。

業績安定のためにSDP株の売却を検討した時期もあったが、一連の環境変化を踏まえ、完全子会社にした方がシャープの将来のためになるとの結論に至った。

日本に液晶パネル産業を残したいとの思いもあった。シャープはかつて経産省が主導した「日の丸液晶」構想への参加を見送った経緯がある。シャープの解体につながりかねない当時のスキームに賛同できなかったためだ。しかし、私は以前から一貫して、液晶パネルで日の丸連合を実現すべきだとの持論を展開している。

地政学リスクの高まりにより、日本の液晶パネル産業の重要性は一段と増している。シャープが改めてSDPの経営権を完全に握ったのを機に、「日の丸液晶2・0」の動きが出てくることに期待したい。

東南アジア市場の無限の可能性

私は2016年8月に社長に就任すると、シャープの当時の製造原価率は94%に達し、日本の他の総合電機メーカーよりも10ポイント以上高いことに気が付いた。原因の1つが白物家電もテレビも日本市場への依存度が高すぎ、売上高が頭打ちになっていることだった。

日本の家電市場は成熟が進むと同時に、中国ブランドの安値攻勢が激しさを増していた。経営学の理論に従えば、海外に新たな需要を求めるしかなかった。

前述した通り、シャープは米国や欧州ではブランド使用権を他社に供与してしまっていた。私は東南アジアや台湾など、自社ブランドの商品を制約なく売ることができる地域で販売強化を急ぐことにした。特に、私は7億人に迫る人口を有する東南アジアが市場として最も有望だと判断した。

シャープも他の日本企業と同様、戦後のかなり早い時期から東南アジアに投資していた。例えば、インドネシアの家電市場では50年以上の実績を持っている。

東南アジア市場の重視は2016年8月にまとめた経営基本方針に盛り込んでいた。その方針に従い、第3章で触れた社用車の廃止など東南アジア事業の改革に着手したのだが、2016年末には5つの現地法人の社長が同時に辞任を申し出てきた。

国や時代を問わず、改革には反対勢力が付き物なのだろう。残念な出来事だったが、私は「人間万事塞翁が馬」だと前向きにとらえ、若くて優秀な幹部を代わりに送り込んだ。華人が比較的多いタイとマレーシアには、鴻海で海外営業を担当している昔の部下に回ってもらった。

人事を刷新した後は、私自身が東南アジアの担当役員を兼務し、事業拡大のための改革を陣頭指揮した。するとシャープの現地販売は急成長し、日本市場と変わらないレベルで全社の業績に貢献してくれるようになった。東南アジアの家電販売で進めた改革を以下で紹介していこう。

まずはコーポレート・アイデンティティー（ＣＩ）の統一だ。私はシャープの東南アジアの販売拠点を何カ所も視察してみたが、展示コーナーの作りがバラバラであり、あまり活気が感じられなかった。どうやら現法の責任者が長年、管理を怠っていたらしい。

そこで、「ＳＨＡＲＰ」のロゴや展示コーナーの作りを統一させ、私がテレビ会議システムで出席する環境下で販売担当者の教育訓練を行ったりした。シャープという会社やブランドに対するイメージを本来の水準にまで回復させることができた。

併せて、本社に東南アジアのマーケティング戦略を立案する組織を新設した。この組織は東南アジアにおける総合的な販売戦略の策定や統一した宣伝素材の開発で力を発揮し、シャープの商品のイメージ統一や質感の向上につながった。従来は甘かった東南アジア市場のマーケティング予算の管理を日本市場並みに厳格化し、社長である私の承認事項とした。

私は２０１８年６月、東南アジアに出張し、インドネシア、タイ、ベトナムなど主要国の政府幹部と直接、シャープの現地事業の拡大について意見交換した。翌７月にはタイ観光庁と協力し、シャープの８Ｋ技術を使ってタイの美しい観光資源の画像を世界に発信するプロジェクトを推進することが決まった。

東南アジアにおける販売ルートも整理した。シャープのシンガポールとマレーシアの販売会社は従来、香港資本との合弁だった。私は香港資本が持つ株式の買い取り交渉を進め、2カ国の販社ともシャープの完全子会社に切り替えた。タイはシャープを含む3大株主による合弁だが、取締役の半分以上をシャープが派遣する体制へと移行させた。いずれも販売や管理の主導権を握るための措置だった。

さらに、東南アジア市場に適した商品の品ぞろえを充実させた。白物家電とテレビの事業本部は従来、基本的に日本市場のことしか考えておらず、結果として東南アジア市場では品ぞろえが不十分だった。そこで私は2018年7月、事業本部を日本担当と海外担当の2つに分割し、もともとの事業本部長を意図的に海外部門の責任者に据えた。

タイを含めた東南アジアには積極的にアプローチした（2018年、タイの副総理と）

海外部門の責任者は当然ながら、事業本部長時代の優秀な部下を連れていく。すると1年後には、海外部門から東南アジア市場に適した商品がどんどん生まれ、販売の急成長へとつながった。インドネシアを例に挙げると、現在はテレビ、冷蔵庫、洗濯機など5、6種類の商品でシェア首位を誇っている。華人がとても多い国ではあるが、中国メーカーの家電は人気がなく、「SHARP」ブランドへの信頼は厚い。

2年後の2020年7月、私は日本担当と海外担当の部門を統合し、分割前の事業本部の形に戻した。事業本部長にはもともと事業本部長だった人物を戻した。同じ人物や技術に基づく経営であっても、人事や組織を工夫して意識付けすれば異なる結果を生み出すことができる成功事例だと思う。

シャープは一方で、台湾市場でも家電販売を強化した。台湾には東南アジアとは異なる事情があった。従来は現地の家電メーカー、声宝との合弁会社である「夏宝」を通じて販売していた。ただ、シャープの中国語社名「夏普」と声宝は中国語の発音が似ているため、私の親友までがシャープと声宝を混同していた。

無用な誤解を避けるため、声宝の了解のもと夏宝を解散し、シャープが全額出資する販売会社を設立した。台湾ではもともと日本ブランドの人気が高いため、シャープ製品も新体制でまずまずの販売実績を上げている。

中国の資源をどう活用するか

中国は40年あまりの改革開放政策を経て、現在は世界第2位の経済規模にまで成長した。シャープの再生と発展にとって無視できない大きさの市場と人材などの資源を備えている。

しかし、世界経済における中国のあり方はこの2、3年で大きく変化した。米中貿易戦争の長期化、中国国内の人件費の高騰、コロナ禍による都市封鎖（ロックダウン）などで中国経済の発展は大きく影響を受けた。シャープも中国に対する経営戦略を変える必要があった。

まずは生産拠点としての中国の位置付けの調整である。

江蘇省無錫にある液晶モジュールの生産子会社について、地元政府の協力のもと、株式を完全に買い取ったことは前述した。それにより液晶パネル事業で垂直統合を強化し、コスト競争力を向上することができた。一方で白物家電やテレビ、複合機については、前々から東南アジアへの生産シフトを進め、中国生産の比率を下げてきた。

上海市では2022年3月から約2カ月間、コロナ対策のためのロックダウンが実施されたが、幸いにしてシャープが受けた影響は限定的だった。上海とその周辺以外に部材調達のセカンドソースを確保しておくリスク回避策に加え、中国生産の比率を下げておいたことが功を奏した。私はシャープが今後も中国から東南アジアへの生産シフトを進めていくべきだと考えている。

次に開発戦略である。ここでは中国の重要性が増す可能性がある。

中国はＡＩやＩｏＴなどの技術領域で世界の最先端を走っており、極めて優秀な人材が多数いるためだ。シャープはすでにテレビ、ノート型パソコン、８Ｋ画像ソリューション、スマホなどの事業部門で中国に新商品の設計・開発拠点を構えている。今後はこうした人材を活用する余地がさらに拡大していくだろう。

最後に販売戦略である。私はこれが最も重要だと考えている。

２０１６年8月に私が社長に就任した後、すぐに取りかかった課題の１つが中国市場でのテレビ販売の立て直しである。当時は赤字幅が大きかっただけでなく、膨大な在庫を抱え、長期間にわたり未回収なままの売掛金も存在していた。これらは偶発債務のリスクとも直結していた。

私はこれらの問題を処理した後、１つの決断を下した。それはテレビの販売を代理販売の形で鴻海グループのネット通販会社である鄭州市富連網電子科技に委ねることだった。販売委託の期間は2年間だったが、その間も業績は振るわず、シャープのブランドイメージにも悪影響を及ぼした。残念ながら、この決断は間違っていたと言わざるを得ない。

中国語には「逆水行舟、不進則退」ということわざがある。「流れに逆らってでも舟を前に進めなければ、押し戻されるだけだ」という意味だ。当時の中国のテレビ市場ではすでに地元ブランドが大きなシェアを占め、シャープの優位性は次第になくなっていた。

そこで、シャープが中国販売の主導権を取り戻すことを決め、２０１８年9月22日に中国・深圳で記者会見を開き、その方針を発表した。「ＳＨＡＲＰ」ブランドのイメージ回復、さらには業績向上を図るべく、その場で私自身が中国代表を兼任する人事を発表した。

中国市場にも積極的に打って出た（深圳のシャープ子会社）

私は中国のテレビ市場における販売戦略を練り直した。これまでに販売した６００万台強のテレビの顧客を会員にして、「COCORO VISION（ココロビジョン）」と呼ぶコンテンツ配信サービスなどを提案し、収益力の向上につなげた。

伝統的な販売ルートについては従来、蘇寧易購集団や国美零售といった量販店経由が中心だった。これをシャープの代理店経由へと意図的にシフトするとともに、財務上の安全のため商品の代金も前払いで受け取って出荷する方式を採用した。最近は中国の大手量販店も財務的な問題に直面しているとされる。新たな販売手法を導入したことで、シャープはこの点で大きな影響を受けずに済むはずだ。

ただ、これらの新たな販売戦略には積極的な管理が必須である。中国の市場環境は日本人では想像もつかない速さで変化するからだ。シャープは今後、中国市場における販売について、意識して機敏な管理を続けねばならない。

日本の産業界の活路はどこに？

シャープは2018年12月、栃木工場（栃木県矢板市）における液晶テレビの生産を終了した。さらに2019年9月には、八尾工場（大阪府八尾市）における冷蔵庫の生産も終了した。シャープはこれにより、あらゆる電子機器の完成品の国内生産から撤退した。

私は日本では、手作業による組み立てを伴う労働集約型の工場はもはや国際競争力を保てないと思う。日本は人件費が高いうえ、生産設備の老朽化が進んでいる。かつて組み立て工場は日本から台湾に移転し、その後は台湾から中国へ移転した。さらには中国から東南アジアへの移転が進むだろう。これは歴史の過程であり、誰が正しくて誰が間違っているという問題ではない。

例えば、私が鴻海時代に率いていた「競争」は好調時に年間1200万台のテレビのEMSを請け負っていた。主な工場は世界で3カ所だった。調達した部材を中国の煙台工場である程度まで組み立て、スロバキアとメキシコの工場に送って最終組み立てを行っていた。

2018年当時のシャープのテレビ販売台数は年間800万台だったが、工場はマレーシア、インドネシア、南京、栃木と4カ所もあった。「競争」より規模が小さいのに工場が多いのでは、合理的な生産体制と言い難い。私が栃木工場の生産終了を決断しなければ、シャープのテレビ事業そのものの存続が危ぶまれただろう。

第6章で触れた通り、私は大同での日本駐在から帰任する直前の1981年、佐渡島の工場で実習を経験し、日本式の品質・製造管理のノウハウを身につけた。確かに、当時の日本の工場の管理は世界最高のレベルにあった。しかし残念ながら、私はシャープの社長に就任して以降、日本の工場の担当者の品質・製造管理のレベルが高いと感じたことは少ない。

私はこれがシャープ1社だけでなく、日本の産業界全体の問題であると考えている。日本国内の工場の数自体が減り、若い担当者が品質・製造管理の経験を積む場所が減ってしまっている。これも歴史の過程であり、仕方のないことだ。

日本の産業界は素材、電子部品、バイオテクノロジー、製薬など得意分野に資源を集中していくべきだと思う。

シャープが2017年12月に東証1部に復帰できたのは、直接的には債務超過の解消、決算の黒字化など財務上の条件を満たしたことが理由だった。一連の構造改革や事業拡大が軌道に乗った結果、シャープの財務体質はその後も改善が続いた。2018年3月期には連結最終損益が702億円の黒字となった。最終黒字は4年ぶりだった。さらに10円の期末配当を実施することも決めた。6年ぶりの復配だった。

「ようやく、企業としての最低限の責任が果たせたものと考えています」

私は2018年5月11日に発信した社長メッセージで、復配についてこう触れた。株式会社の社長である以上、株主への利益還元は必ず行わねばならない。社長就任から2年足らずで復配を実現したことで、肩の荷が少し下りた気がした。

ただし復配を決めた時点では、シャープは依然として合計2000億円の優先株という「負の遺産」を抱えていた。経営危機のさなかだった2015年6月、みずほ銀行と三菱東京UFJ銀行の2行に債務を優先株に振り替える「デット・エクイティ・スワップ」という手法で資本を増強してもらっていた。ただし、種類株式の一種である優先株は一般に普通株より配当負担が重く、発行したままでは中長期的には経営の足かせとなる恐れがあった。

シャープはまず、2019年1月にそのうちの約850億円分を買い取って消却した。さらに2019年6月には残りを買い取り、優先株をすべて消却した。シャープが経営危機に際し、銀行や投資ファンド、鴻海に対して発行した種類株式は合計で3250億円あったが、この時点ですべてがなくなったわけだ。

私は6月11日に開いた経営方針説明会で「鴻海からの資金に頼らず、シャープが稼ぎ出した資金でM&Aや投資を行っていく」と語った。財務の側面からも経営再建が完了したとして、事業拡大へと経営の軸足を移すことを改めて表明したのだ。

鴻海と産業革新機構が2015年秋から翌年にかけ、シャープへの出資争いを繰り広げた経緯は第1章で紹介した。産業革新機構の出資提案はみずほ銀行、三菱東京UFJ銀行の2行が2000億円の優先株をシャープに無償譲渡し、実質的に債権放棄することを前提としていたと聞いている。鴻海は債権放棄を求めず、経営再建を果たした後に何らかの形で返済する考えだった。

私はすべての優先株を2行から買い取り、この約束を果たした。

まさに「有言実現」だろう。

エコシステム形成こそ事業拡大のカギ

私は経営基本方針で事業拡大の方向性を説明する中で、シャープが白物家電やテレビを単体売りするだけでなく、エコシステムの形成を通じて売り上げを拡大することの重要性を強調していた。

鴻海時代の顧客である米テレビ大手ビジオの経営陣はよく、「テレビ自体では儲からない」と話していた。テレビ販売で確保した顧客にサウンドバー（棒状のアンプ内蔵スピーカー）などの関連商品を売ってこそ、利益が出るのだという。

第4章で触れた通り、米国のテレビ市場では販売後に収益を得る「販売後利益モデル」が広がっている。ビジオは自社で開発したOSを搭載したテレビが売れれば売れるほど、販売後の収入が増えていく仕組みを築いている。このビジネスモデルが成功し、2021年には米株式市場でIPOを果たしている。

シャープの日本国内での販売は現在、主に家電量販店を経由している。

私は量販店を視察するたびに、シャープの商品は競合他社の商品と一緒に展示され、埋没してしまっていると感じる。一方で、量販店のどのフロアを見ても、シャープの商品群と関係のある商品が展示されていることにも気が付く。これは、シャープの商品群をうまくくくり直せば、エコシステムが形成できることを意味しているのだと思う。

エコシステムを形成できれば、シャープは顧客にソリューションを提供できるようになり、さらに進めばサービスを提供できるようになる。

実はシャープでも、複合機を手がけるビジネスソリューション事業本部はこの概念を実践している。複合機を単体で売るだけでなく、トナーなど関連商品を販売するソリューションや点検・修理などのサービスを提供し、高い収益を上げている。

顧客データが十分であれば、ソリューションやサービスには長期にわたる収益が期待できる。複合機はB to B（法人向け）取引が主力であり、B to C（消費者向け）やB to B to Cが主力の白物家電やテレビとは顧客層が異なるが、ソリューションやサービスを成立させる余地はあるはずだ。

シャープが2017年10月、会員制サービスやAIoTクラウドサービスを「COCORO＋（ココロプラス）」というブランドに統合したのは、白物家電やテレビでソリューション・サービスを拡大する戦略の一環だ。シャープはもともと「COCORO LIFE（ココロライフ）」

シャープが目指すスマートホーム事業のイメージ

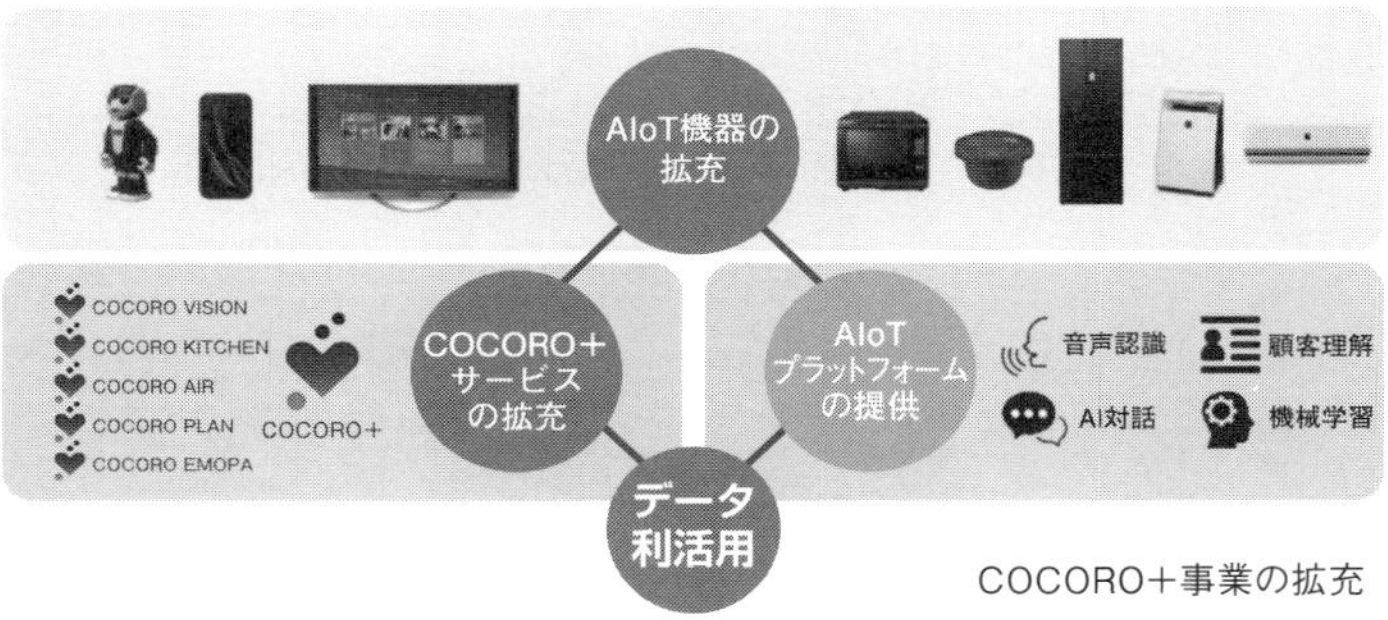

COCORO+事業の拡充

という会員制組織のプラットフォームを持ち、商標登録もしていたのだが、積極的に運営してこなかった。「COCORO LIFE」のロゴは漢字の「心」をハートマークにデフォルメした形状だ。印象に残りやすい濃いピンク色のロゴであり、シャープと顧客の間のコミュニケーション拡大に役立つと思う。

私は「COCORO LIFE」をテレビやスマホの「ＡＱＵＯＳ」と同じレベルのサブブランドへと昇格させた。

携帯電話業界では、通話機能が中心だったフィーチャーフォンで世界シェア4割超を誇ったフィンランドの通信機器大手ノキアがスマホへの移行に失敗し、アップルへと主役が交代した。私はこの交代劇の理由の1つは、アップルが顧客ごとにユーザーＩＤを発行し、事実上の会員制組織の運営に成功していることが大きいと思う。どんな顧客がどこにいるのかを明確に把握しているのだ。